Österreichischer Special Report

Gesundheit, Demographie und Klimawandel

Zusammenfassung für Entscheidungstragende und Synthese

(ASR18)

HerausgeberInnen:
Willi Haas, Hanns Moshammer, Raya Muttarak, Olivia Koland

Diese Publikation ist sowohl als pdf-Version (abrufbar unter https//epub.oeaw.ac.at/8429-4) als auch als Buchform im Verlag der Österreichischen Akademie der Wissenschaften erschienen.

Der vorliegende Bericht umfasst die Zusammenfassung für Entscheidungstragende und Synthese des Österreichischen Special Report „Gesundheit, Demographie und Klimawandel" (ASR18 – Gesamtband abrufbar unter https://epub.oeaw.ac.at/8427-0). Der Special Report enthält Hinweise auf online Supplements, die weiterführende Texte zu ausgewählten Inhalten des Reports bringen (abrufbar unter https://epub.oeaw.ac.at/8464-5).

Zitierweise: Haas, W., Moshammer, H., Muttarak, R., Balas, M., Ekmekcioglu, C., Formayer, H., Kromp-Kolb, H., Matulla, C., Nowak, P., Schmid, D., Striessnig, E., Weisz, U., Allerberger, F., Auer, I., Bachner, F., Baumann-Stanzer, K., Bobek, J., Fent, T., Frankovic, I., Gepp, C., Groß, R., Haas, S., Hammerl, C., Hanika, A., Hirtl, M., Hoffmann, R., Koland, O., Offenthaler, I., Piringer, M., Ressl, H., Richter, L., Scheifinger, H., Schlatzer, M., Schlögl, M., Schulz, K., Schöner, W., Simic, S., Wallner, P., Widhalm, T., Lemmerer, K. (2018). Österreichischer Special Report Gesundheit, Demographie und Klimawandel (ASR18) – Zusammenfassung für Entscheidungstragende und Synthese. Austrian Panel on Climate Change (APCC), Verlag der ÖAW, Wien, Österreich, 978-3-7001-8429-4

Diese Publikation ist unter dem Dach des Austrian Panel on Climate Change (APCC, www.apcc.ac.at) entstanden und folgt dessen Qualitätsstandards. Demzufolge wurde der Special Report in einem mehrstufigen Peer-Review-Verfahren mit den Zwischenprodukten *Zero Order Draft*, *First Order Draft* und *Second Order Draft* erstellt. In dem letzten internationalen Reviewschritt des *Final Drafts* wurde die Einarbeitung der Review-Kommentare von Review-EditorInnen überprüft.

Austrian Panel on Climate Change (APCC):
Helmut Haberl, Sabine Fuss, Martina Schuster, Sonja Spiegel, Rainer Sauerborn

Co-Chairs und Projektleitung:
Willi Haas, Hanns Moshammer, Raya Muttarak, Olivia Koland

Review-Management:
Climate Change Center Austria (CCCA)

Titelseitengestaltung:
Alexander Neubauer

Lektorat:
Nina Hula

Die in dieser Publikation geäußerten Ansichten oder Meinungen entsprechen nicht notwendigerweise denen der Institutionen, bei denen die mitwirkenden WissenschafterInnen und ExpertInnen tätig sind.

Der APCC Report wurde unter Mitwirkung von WissenschafterInnen und ExpertInnen folgender Institutionen erstellt: Bundesministerium für Umwelt, Naturschutz und Reaktorsicherheit (D), Climate Change Centre Austria (CCCA), Gesundheit Österreich GmbH, Helmholtz Zentrum für Umweltforschung, Medizinische Universität Wien, Österreichische Agentur für Gesundheit und Ernährungssicherheit, Österreichische Akademie der Wissenschaften, Potsdam-Institut für Klimafolgenforschung, Statistik Austria, Technische Universität Graz, Umweltbundesamt GmbH, Universität Augsburg, Universität für Bodenkultur Wien, Universität Wien, University of Nottingham, Wegener Center für Klima und Globalen Wandel der Universität Graz, Wirtschaftsuniversität Wien, Wittgenstein Centre for Demography and Global Human Capital, World Health Organization und Zentralanstalt für Meteorologie und Geodynamik.

Wir danken herzlichst den AutorInnen für ihre engagierte Mitarbeit, die weit über den Rahmen des finanzierten hinausging (siehe AutorInnen-Liste auf der nächsten Seite). Dann herzlichen Dank an die TeilnehmerInnen der beiden Stakeholder-Workshops, die wesentliche Inputs für die Fokussierung des Reports gegeben haben. Weiters danken wir Zsófi Schmitz und Julia Kolar für das professionelle Review-Management und Thomas Fent für seine Unterstützung im finalen Prozess der Umsetzung des Buchprojektes.

Dieser Special Report SR18 wurde durch den Klima- und Energiefonds im Rahmen seines Förderprogrammes ACRP mit rund 300.000 Euro gefördert.

Archivability tested according to the requirements of DIN 6738, Lifespan class – LDK 24-85.

Österreichische Akademie der Wissenschaften, Wien

ISBN 978-3-7001-8429-4
ISBN (Gesamtband) 978-3-7001-8427-0
https://verlag.oeaw.ac.at
https://epub.oeaw.ac.at/8429-4

Satz: Berger Crossmedia, Wien
Druck: Gugler* print, Melk/Donau

Gedruckt nach der Richtlinie „Druckerzeugnisse" des Österreichischen Umweltzeichens. gugler*print, Melk, UWZ-Nr. 609, www.gugler.at

Vorworte

Seite 5–6

Zusammenfassung für Entscheidungstragende

Seite 7–26

Synthese

Seite 27–84

AutorInnen und Mitwirkende:

Co-Chairs
Willi Haas, Hanns Moshammer, Raya Muttarak

Koordinierende LeitautorInnen/Coordinating Lead Authors (CLAs)
Maria Balas, Cem Ekmekcioglu, Herbert Formayer, Helga Kromp-Kolb, Christoph Matulla, Peter Nowak, Daniela Schmid, Erich Striessnig, Ulli Weisz

LeitautorInnen/Lead Authors (LAs)
Franz Allerberger, Inge Auer, Florian Bachner, Maria Balas, Kathrin Baumann-Stanzer, Julia Bobek, Thomas Fent, Herbert Formayer, Ivan Frankovic, Christian Gepp, Robert Groß, Sabine Haas, Christa Hammerl, Alexander Hanika, Marcus Hirtl, Roman Hoffmann, Olivia Koland, Helga Kromp-Kolb, Peter Nowak, Ivo Offenthaler, Martin Piringer, Hans Ressl, Lukas Richter, Helfried Scheifinger, Martin Schlatzer, Matthias Schlögl, Karsten Schulz, Wolfgang Schöner, Stana Simic, Peter Wallner, Theresia Widhalm

Beiträge von Beitragende AutorInnen/Contributing Authors (CAs)
Franz Allerberger, Dennis Becker, Michael Bürkner, Alexander Dietl, Mailin Gaupp-Berghausen, Robert Griebler, Astrid Gühnemann, Willi Haas, Hans-Peter Hutter, Nina Knittel, Kathrin Lemmerer, Henriette Löffler-Stastka, Carola Lütgendorf-Caucig, Gordana Maric, Hanns Moshammer, Christian Pollhamer, Manfred Radlherr, David Raml, Elisabeth Raser, Kathrin Raunig, Ulrike Schauer, Karsten Schulz, Thomas Thaler, Peter Wallner, Julia Walochnik, Sandra Wegener, Theresia Widhalm, Maja Zuvela-Aloise

Junior Scientists
Theresia Widhalm, Kathrin Lemmerer

Review EditorInnen/Review Editors
Jobst Augustin, Dieter Gerten, Jutta Litvinovitch, Bettina Menne, Revati Phalkey, Patrick Sakdapolrak, Reimund Schwarze, Sebastian Wagner

Austrian Panel on Climate Change (APCC)
Helmut Haberl, Sabine Fuss, Martina Schuster, Sonja Spiegel, Rainer Sauerborn

Projektleitung/Project Lead:
Willi Haas und Olivia Koland

Bundespräsident
Alexander Van der Bellen

Schon Mitte der 1980er Jahre wurde klar,
dass die Klimakrise uns nicht in einer langsamen, linearen Entwicklung begegnen wird,
sondern rasant zu einer globalen Herausforderung anwachsen wird.
Mittlerweile sind die Auswirkungen auf der gesamten Erde deutlich spürbar und sichtbar geworden.
Nach wie vor geht es jetzt hauptsächlich darum, Treibhausgasemissionen zu reduzieren.
Aber wir müssen uns auch bereits vor den gesundheitlichen Folgen des Klimawandels schützen.
Große Hitze, extreme Trockenheit, starke Regenfälle, Wirbelstürme, Überschwemmungen,
und natürlich auch die indirekten Folgen dieser Phänomene treffen uns alle,
die gesamte Menschheit.
Auf die Klimakrise entsprechend zu reagieren,
braucht neben wissenschaftlichen Erkenntnissen auch politisches Handeln.
Internationale Politik, europäische Politik, nationale, regionale und lokale Politik.
Ich glaube, niemand macht sich Illusionen darüber, wie schwierig ein politisches Handeln ist,
das auf den dringend notwendigen Übergang zu einer anderen, ökologisch orientierten,
klimafreundlichen und gesundheitsfördernden Weltgesellschaft abzielt.
Mit dem vorliegenden österreichischen Special Report liegt nun eine abgestimmte Bewertung
der Wissenschaft vor, die eine Grundlage für weitreichende politische Entscheidungen liefert.
Ich wünsche dem Bericht, ich wünsche uns allen, dass ihm politische Taten folgen.
Herzlichen Dank
an alle AutorInnen in ihren unterschiedlichen Rollen,
an Reviewmanagement, ReviewerInnen und internationale RevieweditorInnen,
an Management und Stakeholder sowie den Panelmitgliedern des APCC
für ihre engagierten Beiträge.

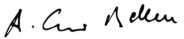

Vorwort

Der Klimawandel ist in unserer Mitte angekommen, seine Auswirkungen sind deutlich spürbar. Gletscher schmelzen, der Meeresspiegel steigt, Hitzewellen, Trockenheit und andere extreme Wetterereignisse nehmen weltweit zu. Die Folgen beeinflussen das Leben und Wirtschaften der Menschen schon heute massiv. Die Folgen für die Gesundheit der Menschen sind evident und Thema dieses Berichts. Klima zu schützen führt auch dazu, etwas für die eigene Gesundheit zu tun.

Die Österreichische Bundesregierung misst dem Klimaschutz große Bedeutung zu. Mit der Österreichischen Klima- und Energiestrategie #mission2030 haben wir eine Grundlage geschaffen, von der sich jetzt zahlreiche Maßnahmen und Strategien ableiten, die in die richtige Richtung gehen. Mit der Klimaschutz-Mitmachbewegung klimaaktiv unterstützen wir Betriebe, Haushalte und Gemeinden bei der praktischen Umsetzung von wirksamen Klimaschutzmaßnahmen.

Klimaschutz ist eine enorme Herausforderung, die uns über mehrere Generationen hinweg beschäftigen wird. Erfolgreicher Klimaschutz basiert auf den beiden Säulen der Energieeffizienz und der erneuerbaren Energien. Er betrifft alle Lebensbereiche – wie wir leben, arbeiten, wohnen und uns fortbewegen. Langfristig liegen die Kosten für den Schutz unseres Klimas deutlich unter jenen, die einer ungebremsten Erderwärmung folgen würden. Umso wichtiger ist es, dass wir die Folgen des Klimawandels schon heute systematisch in allen relevanten Planungs- und Entscheidungsprozessen berücksichtigen.

Österreich widmet sich bereits seit Jahren verstärkt der Frage, wie man dem Klimawandel bestmöglich begegnen kann. Mit der vorliegenden Studie, die der Klima- und Energiefonds in Auftrag gegeben hat, wurden fundierte Fakten erarbeitet. Nun brauchen wir konkrete Lösungen, um für die Zukunft gerüstet zu sein. Wir müssen die österreichische Strategie zur Anpassung an den Klimawandel, welche von Bund und Ländern gemeinsam getragen wird, entschlossen umsetzen und uns bestmöglich für zukünftige Anforderungen wappnen.

Elisabeth Köstinger
Bundesministerin für Nachhaltigkeit und Tourismus

Zusammenfassung für Entscheidungstragende

Inhalt

Hauptaussagen

Klimaänderungen und ihre Gesundheitsfolgen

- Die Folgen des Klimawandels für die Gesundheit sind bereits heute spürbar und als zunehmende Bedrohung für die Gesundheit einzustufen.
- Stärkste Gesundheitsfolgen mit breiter Wirkung sind durch Hitze zu erwarten.
- Der Klimawandel führt zu vermehrten Gesundheitsfolgen von Pollen (Allergien), Niederschlägen, Stürmen und Mücken (Infektionserkrankungen).
- Demographische Entwicklungen (z. B. Alterung) erhöhen die Vulnerabilität der Bevölkerung und verstärken damit klimabedingte Gesundheitsfolgen.

Gesundheitsfolgen des Klimawandels adressieren und Vulnerabilität reduzieren

- Hitze: Hitzewarnsysteme, die um handlungsorientierte Information für schwer zugängliche Personen erweitert werden, können kurzfristig wirksam werden; städteplanerische Maßnahmen wirken langfristig.
- Allergene: Die Bekämpfung stark allergener Pflanzen reduziert Gesundheitsfolgen und Therapiekosten.
- Extreme Niederschläge, Trockenheit, Stürme: Durch integrale Ereignisdokumentation für gezieltere Maßnahmen, Stärkung der Eigenvorsorge und Beteiligung gemischter Gruppen bei der Erstellung von Krisenschutzplänen können die Folgen reduziert werden.
- Infektionserkrankungen: Kompetenzen zur Früherkennung bei der Bevölkerung und beim Gesundheitspersonal fördern, um vorzubeugen; gefährliche invasive Arten gezielt bekämpfen, um andere Arten nicht zu bedrohen.
- Klimabedingt wachsende gesundheitliche Ungleichheit vulnerabler Gruppen kann durch Stärkung der Gesundheitskompetenz vermieden werden.
- Die klimaspezifische Gesundheitskompetenz des Gesundheitspersonals stärken sowie die Gesprächsqualität mit PatientInnen für den individuellen Umgang mit dem Klimawandel erhöhen und gesündere und nachhaltigere Lebensstile (Ernährung, Bewegung) entwickeln.
- Die Bildung von Kindern/Jugendlichen für klima- und gesundheitsrelevantes Verstehen und Handeln systematisch fördern.

Chancen für Klima und Gesundheit nutzen

- Ernährung: Speziell die Reduktion des überhöhten Fleischkonsums hat hohes Potenzial für Klimaschutz und Gesundheit, wobei umfassende Maßnahmenpakete inklusive Preissignalen gute Wirkung zeigen.
- Mobilität: Verlagerung zu mehr aktiver Mobilität und öffentlichem Verkehr insbesondere in Städten reduziert Schadstoff- und Lärmbelastung und führt zu gesundheitsförderlicher Bewegung; Reduktion des klimarelevanten Flugverkehrs vermindert auch nachteilige Gesundheitsfolgen.
- Wohnen: Der große Anteil der Ein- und Zweifamilienhäuser im Neubau ist wegen des hohen Flächen-, Material- und Energieaufwands zu hinterfragen und attraktives Mehrfamilienwohnen bedarf als Alternative zum Haus im Grünen der Förderung; gesundheitsfördernde und klimafreundliche Stadtplanung forcieren; thermische Sanierung reduziert den Hitzestress im Sommerhalbjahr.
- Gesundheitssektor: Die Klimarelevanz des Sektors begründet die Notwendigkeit einer eigenen Klimastrategie; pharmazeutische Produkte haben einen wesentlichen Anteil am Carbon-Footprint; die Vermeidung unnötiger Diagnostik und Therapien senkt Treibhausgasemissionen, PatientInnenrisiken und Gesundheitskosten.

Transformation im Schnittfeld von Klima und Gesundheit initiieren

- Die politikübergreifende Zusammenarbeit von Klima- und Gesundheitspolitik ist eine attraktive Chance zur gleichzeitigen Umsetzung der österreichischen Gesundheitsziele, des Pariser Klimaabkommens und der Nachhaltigkeitsziele der Vereinten Nationen.
- Das Potenzial der Wissenschaft für die Transformation nutzen:
  - Innovative Methoden der Wissenschaft, wie transdisziplinäre Ansätze, können Lernprozesse einleiten und machen akzeptierte Problemlösungen wahrscheinlicher.
  - Medizinische und landwirtschaftliche Forschung brauchen mehr Transparenz (Finanzierung und Methoden); Themen, wie Abbau von Überdosierungen und Mehrfachdiagnosen oder die gesundheitliche Bewertung von Bio-Lebensmitteln, benötigen eine unabhängige Finanzierung.
  - Von gesundheitsförderlichen und klimafreundlichen Alltagspraktiken lokaler Initiativen, wie Öko-Dörfer, Slow Food, Slow City Bewegungen und Transition Towns lernen.
  - Die Transformationsforschung und die forschungsgeleitete Lehre beschleunigen transformative Entwicklungspfade und begünstigen neue interdisziplinäre Problemlösungen.

1 Herausforderung und Fokus

Die Folgen des Klimawandels für die Gesundheit sind bereits heute spürbar. Aktuelle Projektionen des künftigen Klimas lassen ein hohes Risiko für die Gesundheit der Weltbevölkerung erwarten. Das geht sowohl aus dem jüngsten Bericht des IPCC als auch aus neueren hochrangig publizierten Arbeiten hervor. Für Österreich sind die Auswirkungen des Klimawandels bereits zu beobachten und als zunehmende Bedrohung für die Gesundheit einzustufen, die durch den demographischen Wandel weiter verstärkt wird.

Die vorliegende Bewertung fasst den wissenschaftlichen Kenntnisstand zum Themenkomplex Klima-Gesundheit-Demographie zusammen. Ausgangspunkt der Bewertung sind Klima, Bevölkerung, Ökonomie und Gesundheitswesen als sich gegenseitig beeinflussende Determinanten von Gesundheit (Abb. 1). Die Klimaveränderung wirkt dabei entweder direkt auf die Gesundheit, wie z. B. bei Hitzewellen, oder indirekt durch Veränderungen natürlicher Systeme, wie z. B. durch vermehrte Freisetzung von Allergenen oder günstigere Lebensbedingungen für krankheitsübertragende Organismen. Wie stark sich Klimaänderungen letztlich auf die Gesundheit auswirken, ist aber vor allem erst im Zusammenspiel mit der Bevölkerungsdynamik sowie der wirtschaftlichen Entwicklung und dem Gesundheitswesen einschätzbar. So führen ein höherer Anteil älterer Menschen oder chronisch Kranker, eine schlechtere Gesundheitsversorgung oder auch eine zunehmende Zahl von Personen mit geringerem Einkommen zu einer erhöhten Anfälligkeit der Gesellschaft gegenüber Klimaänderungen (Vulnerabilität).

Dem Staat sowie auch Unternehmen und privaten Personen stehen vielfältige Handlungsoptionen zur Verfügung. Soll eine weitreichend klimaneutrale Gesellschaft erreicht werden, wird es notwendig sein, viele dieser Handlungsoptionen zu nutzen. Neben einzelnen Klimaschutzmaßnahmen ist aber eine umfassendere Transformation zu einer klimafreundlichen Gesellschaft erforderlich, die die zugrundeliegenden Ursachen des Klimawandels adressiert. Dieser Zugang bringt oftmals einen gesundheitlichen Zusatznutzen von Klimaschutzmaßnahmen mit sich (Co-Benefits). Gleichzeitig müssen angesichts des fortschreitenden Klimawandels auch Maßnahmen zur Anpassung an den Klimawandel getroffen werden, um die negativen Folgen für die Gesundheit zu minimieren.

Um eine glaubwürdige und für Österreich relevante Bewertung dieser komplexen Zusammenhänge vorzunehmen, wurde im Stile des österreichischen Sachstandsberichtes Klimawandel (AAR14) und der Berichte des Intergovernmental Panel on Climate Change (IPCC) ein inhaltlich umfassender, interdisziplinär ausgewogener und transparenter Prozess zur Erstellung eines österreichischen Sachstandsberichtes umgesetzt. Über 60 WissenschafterInnen haben als AutorInnen sowie weitere 30 als ReviewerInnen mitgewirkt, um eine Entscheidungsgrundlage für Wissenschaft, Verwaltung und Politik bereitzustellen, die effizientes und verantwortliches Handeln erleichtert.

Zentrale Erkenntnis der eineinhalbjährigen Arbeit ist, dass eine gut aufeinander abgestimmte Klima- und Gesundheitspolitik ein wirkmächtiger Antrieb für eine Transformation hin zu einer klimaverträglichen Gesellschaft sein kann, die aufgrund ihres Potenzials für mehr Gesundheit und Lebensqualität hohe Akzeptanz verspricht.

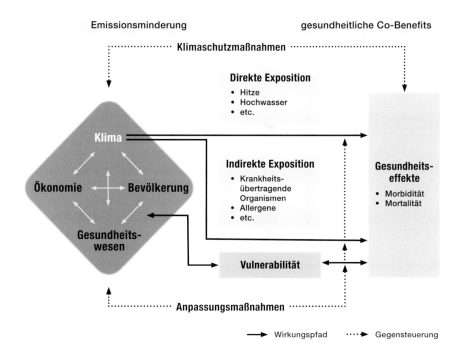

Abb. 1: Dynamisches Modell wie Veränderungen in den Gesundheitsdeterminanten auf die Gesundheit wirken.

2 Gesundheitsrelevante Änderungen des Klimas

Um die Gesundheitsrelevanz des Klimawandels in einem ersten Schritt besser erfassen zu können, wurden Klimaphänomene identifiziert, die auf die Gesundheit wirken. Für diese wurden von KlimatologInnen die Klimaveränderungen mit Zeithorizont 2050 abgeschätzt, vorerst ohne zu berücksichtigen, wie viele Personen wie stark betroffen sind. Dabei wurde die Unsicherheit der Aussage in Hinblick auf die Klimaänderung miterfasst (Abb. 2).

Die stärksten und für die Gesundheit problematischsten Änderungen sind bei Hitze zu erwarten, sowohl wegen des kontinuierlichen Temperaturanstiegs im Sommerhalbjahr, der Zahl der Hitzetage und der Dauer der Hitzeereignisse als auch wegen der fehlenden nächtlichen Abkühlung. Dürre fällt ebenso in die Kategorie größter Veränderungen. Hier hat sich allerdings gezeigt, dass aufgrund der guten Lebensmittelversorgung in Österreich mit nur geringen Gesundheitsfolgen zu rechnen ist. Sowohl bei Hitze als auch bei Dürre weisen die klimatologischen Aussagen geringe Unsicherheiten auf. Extreme Niederschläge sind bezüglich Ausmaß und Sicherheit der Aussage etwas niedriger bewertet. Als sehr relevant bei gesicherter Aussage wird das verstärkte Auftreten von Allergien eingeschätzt, wobei Saisonverlängerung, stärkeres Auftreten bereits heimischer allergener Pflanzen und Einwanderung neuer allergener Pflanzen- und Tierarten mit mittlerer Sicherheit stattfinden werden. Der Klimawandel führt in allen angegebenen Bereichen zu einer Verschärfung der Gesundheitsfolgen – mit Ausnahme der Kälte. Es sinkt die Zahl der Kältetage, die Dauer der Kälteperioden reduziert sich und die Durchschnittstemperaturen im Winterhalbjahr steigen mit hoher Sicherheit. Daraus ableitbar ist eine Reduktion der kälteassoziierten Erkrankungen bzw. der Kältesterblichkeit, die allerdings die nachteiligen Folgen vermehrter Hitzewellen nicht ausgleichen. Zudem besteht das hier nicht abgebildete Risiko, dass das Abschmelzen des arktischen Eises und eine daraus folgende Verlangsamung des Golfstroms längere und kältere Winter mit einer erhöhten Zahl an Kältetoten auch in Österreich mit sich bringen könnten.

Bei allen skizzierten Klimaphänomenen können sich die Folgewirkungen regional stark unterscheiden und in ländlichen Regionen anders ausfallen als in städtischen Ballungsräumen.

Abb. 2: Abschätzung klimainduzierter Änderungen bei gesundheitsrelevanten Phänomenen mit einem Zeithorizont bis 2050 (3 = große nachteilige Änderung)

3 Dringlichkeiten klimabedingter Gesundheitsfolgen

Um die Dringlichkeit der verschiedenen gesundheitsrelevanten Entwicklungen besser einordnen zu können, haben 20 SchlüsselexpertInnen des Sachstandsberichtes diese aufgrund ihres Wissensstandes nach zwei Gruppen von Kriterien bewertet:

- Betroffene: Anteil Betroffener in der Bevölkerung unter Berücksichtigung von sozioökonomisch benachteiligten Gruppen und vulnerablen Personen, wie Kleinkinder, ältere Menschen und Personen mit Vorerkrankungen
- Gesundheitliche Auswirkungen: Mortalität, physische und psychische Morbidität

Höchste Dringlichkeit ist nach dieser Bewertung geboten, wenn der kombinierte Effekt der beiden Kriteriengruppen auftritt, das heißt, wenn ein relativ hoher Anteil der Bevölkerung mit ernsthaften gesundheitlichen Auswirkungen zu rechnen hat. Abstufungen ergeben sich durch die unterschiedlichen Einschätzungen in den Einzelkriterien. Zusätzlich wurde die Möglichkeit von Handlungsoptionen auf der individuellen und der staatlichen Ebene (letztere beinhaltet auch das Gesundheitssystem) eingeschätzt. Diese ExpertInneneinschätzung ist als themenübergreifende und somit integrative Orientierungshilfe zu verstehen – eine strenge wissenschaftliche Analyse kann sie nicht ersetzen.

Die Einschätzungen ergaben eine klare Kategorisierung in drei Dringlichkeitsstufen, mit der die einzelnen Themen aufgegriffen werden sollten (Abb. 3): Hitze führt die Tabelle mit höchster Dringlichkeit an, gefolgt von Pollen und Luftschadstoffen gemeinsam mit den Extremereignissen Starkniederschläge, Dürre, Hochwasserereignisse, Muren und Erdrutsche. Wenig Bedeutung wird hingegen den mit Kälte in Verbindung stehenden Ereignissen, der Knappheit von Wasser oder Lebensmitteln und Krankheitserregern in Wasser und Lebensmitteln beigemessen. Bemerkenswert ist die hohe Dringlichkeit, die der Gruppe „Luftschadstoffe" zugeschrieben wird, obwohl die Unsicherheiten bezüglich der weiteren Entwicklung groß sind. Da der Sammelbegriff sowohl Ozon- (steigende Tendenz) als auch Feinstaubkonzentrationen (wegen wärmerer Winter fallende Tendenz) umfasst, ist die Interpretation schwierig. Die Ereignisse, von denen ökonomisch benachteiligte Personen sowie Alte und Kranke besonders betroffen sind, fallen großteils in die höchste Priorität. Eine gesundheitliche Auswirkung von Ernteausfällen ist in Österreich durch die gute Versorgungslage – gegebenenfalls durch Importe – weniger wahrscheinlich.

Abbildung 3 zeigt deutlich, dass sowohl auf der individuellen als auch auf der staatlichen Ebene Handlungsoptionen gesehen werden – in der Regel mehr auf der staatlichen Ebene. Diese wurden in der Bewertung hinsichtlich ihres Charakters nicht differenziert, d.h. es sind vorbeugende Maßnahmen,

Kriseninterventionen und nachsorgende Maßnahmen inkludiert. Nicht alle Maßnahmen sind im Gesundheitswesen angesiedelt, wie das Beispiel des drohenden erhöhten Pestizideinsatzes in der Landwirtschaft zeigt. Nur in einem einzigen Fall werden dem Individuum mehr Handlungsoptionen als dem Staat zugetraut – bei der Vereisung.

Besondere Beachtung findet in den nachfolgenden Ausführungen die Tatsache, dass viele der aus Klimaschutzsicht wichtigen Maßnahmen positive „Nebenwirkungen" (Co-Benefits) haben. Dies gilt insbesondere auch für die Gesundheit, weshalb sich die Maßnahmen selbst ohne Klimaeffekt empfehlen.

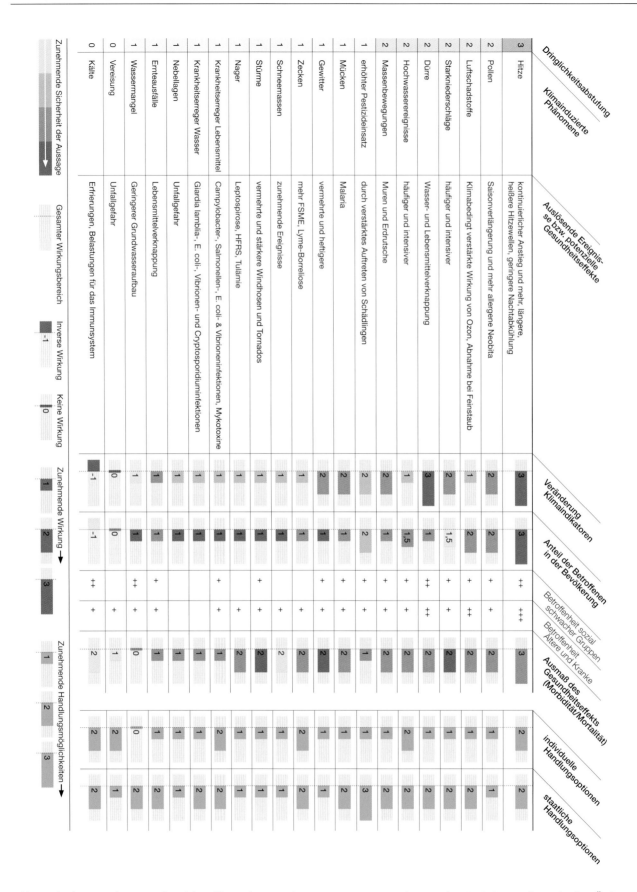

Abb. 3: Abschätzung der Gesundheitsfolgen klimainduzierter Phänomene mit einem Zeithorizont bis 2050 (3 = große nachteilige Änderung) für den Anteil der betroffenen Bevölkerung sowie das Ausmaß der Gesundheitseffekte sortiert nach Dringlichkeitsstufen (3 = höchster Handlungsbedarf)

4 Gesundheitsfolgen abschwächen

Hier sind die Entwicklungen und Wirkweisen der dringlichsten klimabedingten Gesundheitsfolgen sowie Handlungsoptionen zur Vermeidung für

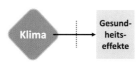

Österreich zusammengefasst. Darüber hinaus werden Grundstrategien zum Umgang mit erhöhter Vulnerabilität durch demographische Dynamiken sowie Möglichkeiten zur Reduktion der Vulnerabilität angesprochen.

4.1 Klimabedingte Folgen adressieren

Hitze

Klima: Bis Mitte dieses Jahrhunderts ist zu erwarten, dass sich die Zahl der Hitzetage, also Tage während einer Hitzeepisode (Perioden mit Tagesmaxima von zumindest 30 °C), verdoppelt; bis Ende des Jahrhunderts kann, wenn keine ausreichenden Klimaschutzmaßnahmen gesetzt werden, eine Verzehnfachung der Zahl der Hitzetage auftreten. Verschärfend wirkt die geringer werdende nächtliche Abkühlung; Nächte, in denen es nicht unter 17 °C abkühlt, haben in Wien um 50 % zugenommen (Vergleich 1960–1991 mit 1981–2010) (hohe Übereinstimmung, starke Beweislage).

Gesundheit: Unter der Annahme keiner weiteren Anpassung und eines moderaten Klimawandels ist im Jahr 2030 in Österreich mit 400 hitzebedingten Todesfällen pro Jahr, Mitte des Jahrhunderts mit über 1000 Fällen pro Jahr zu rechnen, wobei der überwiegende Teil in Städten auftreten wird (Neueren Klimaprojektionen zu Folge ist für 2030 mit höheren Werten zu rechnen). Ältere Personen und Personen mit Vorerkrankungen sind besonders vulnerabel, ökonomisch Schwächere bzw. MigrantInnen sind oft aufgrund ihrer Wohnsituation (dichte Bebauung, wenig Grün) stärker betroffen (hohe Übereinstimmung, mittlere Beweislage).

Handlungsoptionen: Zügig umgesetzte städteplanerische Maßnahmen zur Entschärfung von Hitzeinseln, Begrünung, bessere Winddurchzugsschneisen, Reduktion der thermischen Belastung von wärmeerzeugenden Quellen, Begünstigung nächtlicher Abkühlung, Reduktion der Luftschadstoffe und der Lärmbelastung zur Ermöglichung nächtlicher Lüftung können langfristig wesentliche Verbesserungen bringen und energieverbrauchende und womöglich klimaschädliche Klimaanlagen vermeiden helfen. Kurzfristig kann eine Evaluation der Hitzewarnsysteme sinnvoll sein, wobei speziell die handlungsorientierte Information schwer zugänglicher Personen (z. B. ältere Menschen ohne Internetzugang oder Menschen mit einer Sprachbarriere) in Städten Aufmerksamkeit braucht (hohe Übereinstimmung, starke Beweislage).

Allergene

Klima: Der Klimawandel in Kombination mit globalisiertem Handels- und Reiseverkehr sowie veränderter Landnutzung führt zur Ausbreitung bisher nicht heimischer aber gesundheitsrelevanter Pflanzen- und Tierarten. Es wird eine wesentliche Zunahme der Pollenbelastung durch Ragweed (*Ambrosia artemisiifolia*) erwartet, die durch erhöhte Luftfeuchte sowie „Düngewirkung" durch CO_2 und Stickoxide verstärkt wird. Der deutsche Sachstandsbericht geht von sechs weiteren neuen Pflanzenarten mit sicher gesundheitsgefährdendem Potential aus. Vor allem in urbanen Gebieten hat die Konzentration von Pollen in der Luft zugenommen (hohe Übereinstimmung, starke Beweislage).

Gesundheit: Die Folge ist eine Zunahme von Atemwegserkrankungen (Heuschnupfen, Asthma, COPD). Verstärkte Gesundheitsfolgen sind speziell in urbanen Räumen im Zusammenspiel mit Luftschadstoffen (Ozon, Stickoxide, Feinstaub etc.) zu erwarten, da diese zu einer gesteigerten allergenen Aggressivität der Pollen führen. Bereits heute sind rund 1,75 Mio. Menschen in Österreich von allergischen Erkrankungen betroffen. Allergien werden an Häufigkeit und Schwere zunehmen. Es wird geschätzt, dass in 10 Jahren 50 % der EuropäerInnen betroffen sein werden (hohe Übereinstimmung, mittlere Beweislage).

Handlungsoptionen: Das geplante bundesweite Monitoring kann nachteilige Folgen durch gezielte Information abfedern. Durch konsequente Bekämpfung von stark allergenen Pflanzen (z. B. Mähen oder Jäten vor der Samenbildung bei *Ambrosia*) können gesundheitliche Folgen vermieden und letztlich erhebliche Therapiekosten eingespart werden. Das zeigen beispielsweise Analysen für die gesundheitlichen Folgen der Ausbreitung von *Ambrosia* in Österreich und Bayern (hohe Übereinstimmung, mittlere Beweislage). Eine rechtliche Verankerung der Bekämpfungsmaßnahmen unter Einbeziehung zentraler AkteurInnen kann wesentlich zur Reduktion der Gesundheitsfolgen von *Ambrosia* in Österreich beitragen.

Extreme Niederschläge, Trockenheit, Stürme

Klima: Physikalische Überlegungen lassen intensivere und ergiebigere Niederschläge, länger andauernde Trockenheit und heftigere Stürme im Zuge des Klimawandels erwarten (mittlere Übereinstimmung, mittlere Beweislage). Schäden durch Extremereignisse schlagen schon jetzt in Österreich wirtschaftlich spürbar zu Buche, wobei die Tendenz stark steigend ist.

Gesundheit: Extremwetterereignisse sind schlagzeilenwirksam, aber die Zahl der exponierten Menschen ist – sieht man von extremen Temperaturereignissen ab – verhältnismäßig klein, sodass die direkten gesundheitlichen Auswirkungen extremer Wettererscheinungen in Österreich relativ gering sind (hohe Übereinstimmung, mittlere Beweislage). Trotzdem können Extremereignisse direkte gesundheitliche Folgen, wie Verletzungen oder Todesfälle und vor allem bei existenzbedrohenden materiellen Schäden posttraumatische Belastungsstörungen, verursachen. Indirekt können bakterielle Infektionen durch mangelnde Wasserqualität nach Hochwässern ausgelöst werden. Extremwetterereignisse in anderen Ländern können (klimabedingte) Migration auslösen, wobei diese aufgrund des hohen Standards des österreichischen Gesundheitssystems derzeit als kein ernstes Problem für die Gesundheit der Bevölkerung in Österreich eingeschätzt wird.

Handlungsoptionen: Eine integrale Ereignisdokumentation (Zusammenführung von qualitativ guten Aufzeichnungen über Ausgangslage, Ursachen, Maßnahmen, Wirkungen) kann die Analyse und die Erarbeitung maßgeschneiderter Maßnahmen erleichtern (hohe Übereinstimmung, mittlere Beweislage). Schäden und gesundheitliche Folgen können durch eine Stärkung der Eigenvorsorge und ein gutes Zusammenspiel des Risikomanagements von öffentlichen und privaten AkteurInnen weiter reduziert werden. Diese können durch die Aufnahme in schulische Lehrpläne, gezielt eingesetzte Informationen, Beratungsdienste und Anreize zum vorbeugenden Katastrophenschutz, wie etwa technische und finanzielle Unterstützung sowie reduzierte Versicherungsprämien für gut vorbereitete Haushalte, unterstützt werden. Für die Erstellung effektiver Krisenschutzpläne verspricht die Beteiligung unterschiedlichster, gut gemischter Gruppen insbesondere auf Gemeindeebene Vorteile, da sowohl deren Bedürfnisse berücksichtigt als auch deren Potenziale für einen effektiven Umgang mit Katastrophen genutzt werden (mittlere Übereinstimmung, mittlere Beweislage).

Infektionserkrankungen

Klima: Der Klimawandel (insbesondere die Klimaerwärmung) wird das Vorkommen von Stechmücken als Überträger (Vektoren) von Krankheiten beeinflussen, denn nach Österreich eingeschleppte subtropische und tropische Stechmückenarten (vor allem der *Aedes*-Gattung: Tigermücke, Buschmücke etc.) finden künftig hier bessere Überlebensbedingungen vor. So erweitern sich ihre Ausbreitungsgebiete, insbesondere an den Nord- und Höhengrenzen. Einige unserer heimischen Stechmückenarten können auch bisher in Österreich selten aufgetretene Erreger von Infektionskrankheiten, wie das West-Nil-Virus oder das Usutu-Virus, übertragen. Zudem wurde die verstärkte Ausbreitung von Sandmücken und Buntzecken (*Dermacentor*-Zecken) als potentielle Überträger von mehreren Infektionserkrankungen (Leishmanien, FSME-Virus, Krim-Kongo-Hämorrhagischer-Fieber-Virus, Rickettsien, Babesien etc.) beobachtet.

Gesundheit: Das Auftreten von Infektionskrankheiten wird von komplexen Zusammenhängen mitgestaltet, die vom globalisierten Verkehr, dem temperaturabhängigen Verhalten der Menschen und von lokalen Wetterfaktoren (z. B. Feuchtigkeit) bis hin zur Überlebensrate von Infektionserregern – je nach Wassertemperatur – reichen (hohe Übereinstimmung, mittlere Beweislage). Die konkreten Zusammenhänge sind aber noch nicht ausreichend erforscht, um endgültige Aussagen treffen zu können. Weiters kann es bei fortschreitender Erwärmung zu einer Zunahme der lebensmittelbedingten Erkrankungen (z. B. *Campylobacter*- und Salmonellen-Infektionen, Kontaminationen mit Schimmelpilztoxinen) kommen, aber die hohen nationalen Lebensmittelproduktionsstandards – insbesondere funktionierende Kühlketten – lassen in naher Zukunft keine wesentlichen Auswirkungen auf die Inzidenz dieser Erkrankungen in Österreich erwarten (hohe Übereinstimmung, mittlere Beweislage).

Handlungsoptionen: Zentral für die rechtzeitige Bekämpfung von Infektionserkrankungen ist die Früherkennung. Diese kann einerseits durch Förderung der entsprechenden Gesundheitskompetenz der Bevölkerung verbessert werden, andererseits durch die Weiterentwicklung der fachlichen Kompetenz der Gesundheitsberufe, vor allem in der Primärversorgung. Damit können die an und für sich gut behandelbaren klimabezogenen Infektionserkrankungen trotz bisher seltenem Auftreten schnell erkannt werden (hohe Übereinstimmung, starke Beweislage). Hier kann die in der Zielsteuerung Gesundheit (Zielsteuerung-Gesundheit 2017) beschlossene Neuausrichtung des öffentlichen Gesundheitsdienstes unterstützend wirken (Einrichtung überregionaler Expertenpools für neue Infektionserkrankungen). Für bestmögliche Bekämpfungsmaßnahmen sind Evaluierung und Wissensaustausch auf internationaler Ebene wichtig. Zudem ist auf eine gezielte Bekämpfung gefährlicher Arten zu achten, um nicht durch Vernichtung ungefährlicher Insekten (z. B. Zuckmücken) Amphibien und anderen Tieren die Nahrungsgrundlage zu entziehen (hohe Übereinstimmung, mittlere Beweislage). Im Bereich der Lebensmittel kann ein adaptiertes Lebensmittelmonitoring zur klimawandelbezogenen Überprüfung und ggf. Adaptierung der Leitlinien für gute landwirtschaftliche und hygienische Praktiken ein Beitrag zum Gesundheitsschutz sein. Zu berücksichtigen ist, dass der Einsatz von Desinfektionsmitteln negative Auswirkungen auf Umwelt und Mensch haben kann und häufig, insbesondere in Haushalten, unnötig ist. Forschungsbedarf besteht in Hinblick auf die möglichen Arealvergrößerungen der potenziellen Überträger. Eine Überprüfung des Lebensmittelmonitorings und ggf. dessen Adaptierung in Österreich durch die AGES kann einen weiteren Beitrag zur Lebensmittelsicherheit leisten.

4.2 Vulnerabilität reduzieren

Den Verstärkungseffekt des demographischen Wandels für gesundheitliche Klimafolgen abfedern

Entwicklungsdynamik: Die Bevölkerung Österreichs wächst hauptsächlich in den urbanen Regionen. Im Schnitt altert sie bei einem schrumpfenden Anteil der Bevölkerung im Erwerbsalter und einem konstanten Anteil von Kindern und Jugendlichen. Die Alterung wird durch Zuwanderung junger Erwachsener abgeschwächt. Periphere Bezirke verzeichnen bildungs- und arbeitsplatzbedingte Bevölkerungsrückgänge bei gleichzeitig stärkerer Alterung. Langfristig ist mit einem jährlichen Wanderungssaldo für Österreich von etwa 27.000 zusätzlichen Personen (Zeitraum 2036–2040) zu rechnen (hohe Übereinstimmung, starke Beweislage). Es ist von einem Anstieg der Inzidenz an chronischen Erkrankungen wie Demenz, Atemwegserkrankungen, Herz-Kreislauf-Erkrankungen und bösartigen Tumoren (Malignomen) mit allen ihren Folgeerscheinungen auszugehen. Beachtenswert ist darüber hinaus, dass über die Hälfte der psychischen Erkrankungen in der Altersgruppe der über 60-Jährigen auftreten.

Klimabezug: Der hohe Anteil von Herz-Kreislauf-Erkrankungen, Diabetes und psychischen Erkrankungen bei über 60-Jährigen macht ältere Bevölkerungsgruppen für die Folgen des Klimawandels, insbesondere Hitze, besonders vulnerabel. Durch künftig häufigere Extremwetterereignisse ist zudem mit einer Zunahme der psychischen Belastung älterer Menschen zu rechnen. Auch Personen, die auf wenig Ressourcen zurückgreifen können, sind für die Folgen des Klimawandels anfälliger. Dazu zählen z. B. mangelhafte Bildung und geringe finanzielle Mittel, strukturelle, rechtliche und kulturelle Barrieren, eingeschränkter Zugang zur Gesundheitsinfrastruktur oder ungünstige Wohnverhältnisse. Besonders geflüchtete Menschen haben als Folge der entbehrungsreichen Flucht und den damit verbundenen physischen und psychischen Belastungen hohe Vulnerabilität. Das gesundheitliche Risiko der Übertragung von eingeschleppten Krankheiten ist hingegen auch bei engem Kontakt sehr gering.

Handlungsoptionen: Gezielte Maßnahmen zur Stärkung der Gesundheitskompetenz besonders vulnerabler Zielgruppen, wie ältere Menschen und Personen mit Migrationshintergrund, können der klimabedingten Verschärfung der Ungleichheit entgegenwirken. Dafür kann durch gezieltes Diversitätsmanagement die Multikulturalität in Gesundheitseinrichtungen für mehrsprachige Kommunikation und transkulturelle Medizin und Pflege genutzt werden (hohe Übereinstimmung, mittlere Beweislage). Vor allem zielgruppenspezifische Prävention, Gesundheitsförderung und Behandlung sowie Weiterentwicklung der Lebensbedingungen vulnerabler Gruppen können die weitere Verschärfung ungleich verteilter Krankheitslasten abfedern – insbesondere bezüglich Hitze und psychischer Gesundheit im Sinne des „Health (and Climate) in all Policies" Ansatzes. Dies kann durch begleitende und ergänzende Forschung befördert werden.

Der klimabedingten Verschärfung gesundheitlicher Ungleichheit entgegenwirken

Entwicklungsdynamik: 14 % der in Österreich lebenden Menschen sind als armuts- und ausgrenzungsgefährdet einzustufen. Ein deutlich erhöhtes Risiko der Armutsgefährdung haben kinderreiche Familien, Ein-Eltern-Haushalte, MigrantInnen, Frauen im Pensionsalter, arbeitslose Menschen sowie HilfsarbeiterInnen und Personen mit geringer Bildung. Sozioökonomische Ungleichheit führt bereits jetzt zu Unterschieden in der Gesundheit: PflichtschulabsolventInnen haben in Österreich eine um 6,2 Jahre kürzere Lebenserwartung als AkademikerInnen (hohe Übereinstimmung, starke Beweislage).

Klimabezug: Diese gesundheitliche Ungleichheit wird durch klimaassoziierte Veränderungen vielfach verstärkt (hohe Übereinstimmung, mittlere Beweislage). Auch eine exponierte Arbeits- und Wohnsituation wirkt verschärfend (z. B. Schwerarbeit im Freien auf Baustellen und in der Landwirtschaft, keine wohnortnahen Grünräume in Städten, lärmbelastete Wohnsituationen). Bereits in der Vergangenheit haben Hitze und Naturkatastrophen benachteiligte Gruppen besonders betroffen. Eine Kombination mit anderen Vulnerabilitätsfaktoren (z. B. hohes Alter) wirkt verstärkend (hohe Übereinstimmung, mittlere Beweislage). So war bei der Hitzewelle in Wien im Jahr 2003 die Sterblichkeit in den einkommensschwachen Bezirken besonders hoch. Gesundheitliche Chancengerechtigkeit im Kontext von „Health in all Policies" wird bislang kaum mit Klimabezug diskutiert. Ungleiche Risiken der gesundheitlichen Folgen des Klimawandels sind auf globaler Ebene als zentraler Faktor erkannt worden. So verweisen auch die Sustainable Development Goals der Vereinten Nationen (SDGs) auf den Zusammenhang von sozioökonomischem Status, Gesundheit und Klima. Dieser kommt in Österreich in der strategischen und politischen Diskussion zur Klimaanpassung zu kurz.

Handlungsoptionen: Aufbauend auf den Maßnahmen des bundesweiten Gesundheitsziels 2 „Gesundheitliche Chancengerechtigkeit", insbesondere im Bereich der Armutsbekämpfung, kann die Entwicklung gezielter Fördermaßnahmen im Bereich der Arbeits- und Lebenswelten verschärfende Klimaaspekte abfedern. Die Implementierung einer Koordinierungs- und Austauschplattform im Sinne einer „community of practice" kann das praktische Lernen bei diesen Umsetzungsmaßnahmen unterstützen (mittlere Übereinstimmung, schwache Beweislage). Weitere intensivierte politikfeldübergreifende und koordinierte Zusammenarbeit zur Chancengerechtigkeit kann bei der Umsetzung der Nachhaltigkeitsziele in Österreich auf Ebene der öffentlichen Verwaltung, der Politik und anderer gesellschaftlicher Sektoren (Wirtschaft, Zivilgesellschaft) gefördert werden. Interdisziplinäre Forschungsvorhaben zu gesundheitlicher Chancengerechtigkeit im Lichte des Klimawandels sind zentral (hohe Übereinstimmung, schwache Beweislage) und können dazu beitragen, Einsichten für gezielte Maßnahmen zum Ausgleich von gesundheitlicher Ungleichheit vielfach benachteiligter Gruppen und besonders betroffener Regionen zu generieren.

Die Entwicklung klimabezogener Gesundheitskompetenz zur Reduktion der Klimafolgen nutzen

Entwicklungsdynamik: Eine hohe persönliche Gesundheitskompetenz trägt dazu bei, Fragen der körperlichen und psychischen Gesundheit besser zu verstehen und gute gesundheitsrelevante Entscheidungen zu treffen. Geringe Gesundheitskompetenz führt zu geringerer Therapietreue, späteren Diagnosen, schlechteren Selbstmanagementfähigkeiten und höheren Risiken für chronische Erkrankungen. Mangelnde Gesundheitskompetenz verursacht daher hohe Kosten im Gesundheitssystem. In einer internationalen Befragung zeigt sich für Österreich, dass über die Hälfte der Befragten über eine inadäquate oder problematische Gesundheitskompetenz verfügen. Bei Menschen mit schlechtem Gesundheitszustand, wenig Geld oder im Alter über 76 Jahren sind dies sogar etwa drei Viertel der Befragten. Wie die Befragung zeigt, liegt die Hauptursache nicht bei den kognitiven Fähigkeiten auf individueller Ebene, sondern in verschiedensten Aspekten des Gesundheitssystems (mittlere Übereinstimmung, mittlere Beweislage). Im Rahmen der Gesundheitsreform „Zielsteuerung Gesundheit" und der bundesweiten Gesundheitsziele wurde dies erkannt und operative Ziele wurden definiert. Der Bezug zu den gesundheitlichen Folgen des Klimawandels fehlt jedoch.

Klimabezug: Benachteiligte Gruppen sind vom Klimawandel besonders betroffen, weisen zudem oft geringere Gesundheitskompetenz auf und sind gleichzeitig mit Informationsangeboten schwer zu erreichen (hohe Übereinstimmung, mittlere Beweislage). Der Aktionsplan der österreichischen Anpassungsstrategie verweist bereits auf Bildungs- und Informationsangebote, vor allem zum Thema Gesundheit. Auch in Bezug auf den Klimaschutz kann eine gesündere Ernährung und gesundheitsfördernde Bewegung im Alltag helfen, Treibhausgasemissionen zu reduzieren.

Handlungsoptionen: Die Stärkung der klimabezogenen Gesundheitskompetenz kann gesundheitliche Klimafolgen speziell vulnerabler Gruppen reduzieren und sogar deren Gesundheit verbessern. Dies erfordert intersektorale Zusammenarbeit der Gesundheits- und Klimazuständigen von Bund und Ländern (hohe Übereinstimmung, mittlere Beweislage). Hier gilt: Je zielgruppengerechter Maßnahmen ausgerichtet werden, umso besser ist die Wirkung. Daher ist die systematische Vermittlung von klimaspezifischem Gesundheitswissen an Gesundheitsfachkräfte in Aus- und Fortbildung zentral, da diese sowohl gesundheitliche Belastungen Einzelner erkennen als auch individualisiert informieren sowie Verbesserungen im Umfeld initiieren können. Klimarelevante Themen sind hier Hitze, auch in Kombination mit Luft- und Lärmbelastung, Allergien, (neue) Infektionserkrankungen und auch Ernährung, Mobilität und Naherholung. Dies schafft die Basis für eine breite Entwicklung der klimabezogenen Gesundheitskompetenz, vor allem durch persönliche Gespräche bzw. Beratung für ein klimaschonendes Gesundheitsverhalten (z. B. aktive Mobilität und gesunde Ernährung). Gesundheitsfachkräfte, allen voran ÄrztInnen, sind hier als „GesundheitsfürsprecherInnen" gefragt. Maßnahmen zur Verbesserung der Gesprächsqualität in der Krankenbehandlung (Aus-, Weiter- und Fortbildung) können um den Klimaaspekt erweitert werden. Gezielte Bildungsmaßnahmen im Schulsystem (Lehrpläne und Lehrpraxis) können Kindern und Jugendlichen Zugang zu klima- und gesundheitsrelevantem Handeln vermitteln.

5 Chancen für Klima und Gesundheit nutzen

Neben dem Erkennen drohender Gefahren für die Gesundheit gibt es Maßnahmenbereiche, die Vorteile sowohl für das Klima als auch die Gesundheit generieren können.  Durch das Nachjustieren politischer Instrumente können klima- und gesundheitsförderliche Handlungen attraktiver und klima- und gesundheitsschädliche Handlungen weniger lohnend gemacht werden und so auch in schwierigen Feldern Änderungen eingeleitet werden.

5.1 Ernährung

Handlungsbedarf: Eine Umstellung der Ernährung ist aus gesundheitlicher Perspektive erforderlich. Dabei nimmt der überhöhte Fleischkonsum sowohl aus Klima- als auch aus Gesundheitsperspektive eine Schlüsselrolle ein. Der Fleischkonsum übersteigt in Österreich das nach der österreichischen Ernährungspyramide gesundheitlich empfohlene Maß deutlich, z. B. bei Männern um das Dreifache, während der Anteil an Getreide, Gemüse und Obst zu gering ist (hohe Übereinstimmung, starke Beweislage). In Österreich – wie auch in anderen Ländern – ist eine Zunahme ernährungsbezogener Erkrankungen zu beobachten. Tierische Produkte erhöhen das Risiko der Erkrankung an Diabetes mellitus Typ II, Bluthochdruck und Herz-Kreislauf-Erkrankungen deutlich. Auch die Umsetzung der Sustainable Development Goals der UN (SDGs) macht eine Ernährungsumstellung erforderlich, da das Unterziel 2.2 darauf verweist, „bis 2030 alle Formen der Mangelernährung (zu) beenden". In Österreich leiden jedoch 20 % aller Kinder unter 5 Jahren an Fehlernährung (Übergewicht).

Klimabezug: Aus Klimaperspektive ist unbestritten, dass pflanzliche Produkte zu einer wesentlich geringeren Klimabelastung führen als tierische Produkte, insbesondere Fleisch. Global gesehen verursacht die Landwirtschaft rund ein Viertel aller THG-Emissionen. Viehzucht allein ist weltweit für 18 % der THG-Emissionen verantwortlich. In Österreich verursacht die Landwirtschaft etwa 9 % der THG-Emissionen (THG-Emissionen der Netto-Fleischimporte nicht inkludiert).

Potenzial: Ein wissenschaftlicher Review von über 60 Studien kommt zu dem Schluss, dass bei grundsätzlichen Änderungen der Ernährungsmuster bis zu 70 % Reduktion der durch die Landwirtschaft verursachten THG-Emissionen möglich seien. Die Gesundheitseffekte der Studien waren nur eingeschränkt vergleichbar, zeigten aber, dass das relative Risiko, frühzeitig an einer ernährungsbedingten Erkrankung zu sterben, um bis zu 20 % sinken kann. Trotz mangelnder methodischer Standards lässt sich zusammenfassen, dass eine stärkere pflanzliche Ernährungsweise frühzeitige Todesfälle und das Auftreten ernährungsbedingter Erkrankungen spürbar senken und die ernährungsbezogenen Treibhausgasemissionen dramatisch reduzieren kann (hohe Übereinstimmung, starke Beweislage).

Handlungsoptionen: Trotz guter Evidenzlage können Handlungsoptionen bei AkteurInnen – aus unterschiedlichen Gründen – Widerstand hervorrufen. Diesen Widerstand konstruktiv zu wenden, ist die größte Herausforderung. Am besten kann dies durch eine partizipative und abgestimmte Maßnahmenentwicklung gelingen, durch die sich Nachteile, z. B. für LandwirtInnen und KonsumentInnen, vermeiden lassen.

Laut wissenschaftlichen Analysen sind „weiche Maßnahmen", wie Informationskampagnen, nicht geeignet, um die aktuellen Ernährungstrends substantiell zu ändern. Allerdings weisen deutliche Preissignale, begleitet von gezielten Informationskampagnen aber auch Werbeverboten, hohes Änderungspotenzial auf (hohe Übereinstimmung, mittlere Beweislage). Beispielsweise können Preissteigerungen aufgrund verpflichtender höherer Standards in der Nutztierhaltung deutliche Signale setzen. Lebensmittelausgaben können dabei für KonsumentInnen notfalls ergänzt durch Begleitmaßnahmen konstant gehalten werden, weil sich die teilweise Reduktion von teurem Fleisch durch günstiges Obst und Gemüse im Haushaltsbudget tendenziell ausgleicht. Ebenso können

die Einnahmen von LandwirtInnen konstant gehalten werden, da bei geringeren Absatzmengen die Kilopreise von Fleisch entsprechend steigen. Verbleibende Einnahmenausfälle können notfalls durch Begleitmaßnahmen kompensiert werden. Alternativ verweisen Studien auf treibhausgasbezogene Lebensmittelsteuern, deren Einnahmen gezielt zur Abdeckung von Einkommensverlusten, Preisstützungen gesundheitlich zu fördernder Lebensmittel und Gesundheitsförderung eingesetzt werden können.

Zu beachten ist, dass derzeit die Kosten ungesunder Ernährung über das Sozial- und Gesundheitssystem von der Allgemeinheit getragen werden. Um Vorteile für Klima und Gesundheit zu erwirken, spricht sich das Umweltbundesamt in Deutschland für die Senkung des Mehrwertsteuersatzes auf Obst und Gemüse aus. Die Welternährungsorganisation der UN (FAO) plädiert für Steuern bzw. Gebühren, die durch Einrechnen der Umweltschäden eine nachhaltigere Form der Tierproduktion erreichen sollen. Eine Besteuerung tierischer Produkte in der EU-27 mit 60 bis 120 €/t CO_2 kann ca. 7 bis 14 % der landwirtschaftlichen THG-Emissionen einsparen (hohe Übereinstimmung, mittlere Beweislage).

Denkbar ist auch eine Umkehr bei der Kennzeichnungspflicht: Statt das Klimafreundliche und Gesunde zu kennzeichnen, wäre es sinnvoller, das Klimaschädliche und Ungesunde auszuweisen.

Ein wichtiger Ansatzpunkt sind die Umstellungen auf gesunde sowie klimafreundlichere Lebensmittel in staatlichen Einrichtungen wie Schulen, Kindergärten, Kasernen, Kantinen, Krankenhäusern und Altersheimen aber auch in der Gastronomie (hohe Übereinstimmung, mittlere Beweislage). Ein weiterer Interventionspunkt wäre die Entwicklung der Gesundheits- und Klimakompetenz in der Aus- und Weiterbildung von KöchInnen, DiätologInnen, ErnährungsberaterInnen und EinkäuferInnen großer Lebensmittel- und Restaurantketten.

Für staatliche Politik ist eine klimaschonende und gesunde Ernährung neben der Einhaltung von Klimazielen von hohem Interesse, auch weil Arbeitsproduktivitätsgewinne und Einsparungen von Gesundheitsausgaben zur Entlastung öffentlicher Ausgaben führen.

5.2 Mobilität

Handlungsbedarf: Der Verkehrssektor ist höchst klima- und gesundheitsrelevant. In Österreich sind 29 % der THG-Emissionen auf den Verkehr zurückzuführen, davon über 98 % auf den Straßenverkehr (davon 44 % Gütertransport und 56 % Personenverkehr, 2015). Seit 1990 (Bezugsjahr des Kyoto-Protokolls) sind die Emissionen um 60 % gestiegen, wobei der Güterverkehr überproportional stark anstieg. Mangelnde Luftqualität stellt in Städten und in alpinen Tal- und Beckenlagen in Österreich weiterhin ein Problem dar, vor allem bei

Stickstoffdioxid – hier wurde 2016 von der EU ein Vertragsverletzungsverfahren gegen Österreich eingeleitet. Grenzwertüberschreitungen treten auch bei Feinstaub und bodennahem Ozon auf (bei Ozon bei 50 % der Stationen). Wesentliche Quelle ist der Verkehr, insbesondere Dieselfahrzeuge sind wichtige Verursacher (hohe Übereinstimmung, starke Beweislage). Laut einer Befragung des Mikrozensus der Statistik Austria fühlen sich 40 % aller Befragten durch Lärm belästigt, wobei der Straßenverkehr als Lärmerreger trotz schwacher Abnahme dominiert. Bei Güterzügen sind mit dem lärmabhängigen Infrastrukturbenützungsentgelt bereits Anreize für leisere Bremsen gesetzt (kann bis zu 10 dB Lärmreduktion erzielen).

Ein technologischer Wandel von fossil zu elektrisch betriebenen Fahrzeugen ist zwar notwendig, reicht aber allein zur Erreichung der verschiedenen Ziele nicht aus, da Probleme wie Unfallrisiken, Feinstaub durch Reifen- und Bremsbelagsabrieb sowie Aufwirbelung, Lärm, Verkehrsstaus und Flächenverbrauch durch Straßeninfrastruktur ungelöst bleiben. Gerade der hohe Flächenverbrauch mehrspuriger Fahrzeuge behindert eine verbesserte Lebensqualität in urbanen Räumen speziell bei steigenden Temperaturen. Zudem ist eine deutlich positive Klimabilanz erst bei klimaneutralem Strom zu erwarten. Das gesundheitliche Potential klimaschonender Mobilität wird durch Elektromobilität keineswegs ausgeschöpft (hohe Übereinstimmung, starke Beweislage). Auch die SDGs (Unterziel 3.6) fordern global die Halbierung der Verkehrstoten bis 2020, was durch eine Umstellung auf Elektromobilität nicht lösbar ist. Allerdings zeigt die Statistik für Österreich eine sinkende Zahl an Verkehrstoten und eine Halbierung scheint mit anderen Maßnahmen erreichbar. Speziell die Reduktion des Autoanteils, der gefahrenen Kilometer und der gefahrenen Geschwindigkeiten kann sowohl tödliche Verkehrsunfälle als auch Lärmbelastung, Schadstoffemissionen und THG-Emissionen reduzieren (hohe Übereinstimmung, starke Beweislage).

Potenziale: Eine Verlagerung auf klimafreundliche Verkehrsmittel für Passagiere und Waren muss jedenfalls Teil der Lösung sein. Attraktivere Angebote können zu einer Zunahme des öffentlichen Personennahverkehrs bei gleichzeitiger Reduktion des motorisierten Individualverkehrs führen. Wien konnte innerhalb von weniger als 10 Jahren den Anteil der Wege des motorisierten Individualverkehrs um 4 % reduzieren. Eine Verlagerung hin zu aktiver Mobilität (Zufußgehen, Radfahren) und öffentlichem Verkehr reduziert Schadstoff- und Lärmbelastung und führt zu mehr Bewegung, die wiederum Fettleibigkeit und Übergewichtigkeit sowie das Risiko von Herz-Kreislauf-, Atemwegserkrankungen und Krebs, aber auch Schlafstörungen und psychischen Erkrankungen reduziert. Resultat ist eine höhere Lebenserwartung mit mehr gesunden Lebensjahren (hohe Übereinstimmung, mittlere Beweislage). Zudem ergeben sich auch hier für eine Verlagerung des Verkehrs deutliche Einsparungen im öffentlichen Gesundheitssystem. Cost-Benefit-Analysen für Belgien haben gezeigt, dass die reduzierten Gesundheitskosten die ursprüngliche Investition in Radwege um einen Faktor 2 bis 14 übertreffen.

Eine Statistik über 167 europäische Städte zeigt, dass der Anteil des Radverkehrs mit der Länge des Radwegenetzes wächst und dass ein Radfahranteil von über 20 % durch entschiedene Gestaltung durchaus auch in deutschen (z. B. Münster 38 %) und österreichischen Städten (Innsbruck 23 % und Salzburg 20 %) möglich ist.

In einer Studie zu den Städten Graz, Linz und Wien wurde mittels Szenarien für erprobte Maßnahmen gezeigt, dass auch ohne Elektromobilität jährlich an die 60 Sterbefälle pro 100.000 Personen und fast 50 % der CO_{2equ}-Emissionen des Personenverkehrs reduziert werden können bei gleichzeitiger Reduktion der jährlichen Gesundheitskosten um fast 1 Mio. € pro 100.000 Personen. Dies ist durch einen Maßnahmenmix aus Flaniermeilen, Zonen reduzierten Verkehrs, Ausbau der Fahrradwege und -infrastruktur, erhöhte Frequenzen im öffentlichen Verkehr und günstigere Verbundtarife im Stadt-Umland-Verkehr erzielbar. Ergänzt um E-Mobilität können – vorausgesetzt die Stromproduktion ist klimaneutral – 100 % der CO_{2equ}-Emissionen und 70–80 jährliche Sterbefälle pro 100.000 Personen vermieden werden (hohe Übereinstimmung, starke Beweislage).

Handlungsoptionen: Speziell die urbane Mobilität kann aufgrund der hohen Gesundheitsvorteile und der Potenziale für eine verbesserte Lebensqualität als große Gelegenheit für Klimaschutz und verbesserte Gesundheit bezeichnet werden. Städte und Siedlungen, die nicht mehr „autogerecht" sondern „menschengerechter" auf aktive Mobilität hin gestaltet werden, verbessern soziale Kontakte, Wohlbefinden und Gesundheit – selbst die Kriminalität sinkt. Weiters ermöglicht dies den Rückbau von Straßen und Parkplätzen zu Gunsten von Entsiegelung und Begrünung und ist damit eine wichtige Möglichkeit zur Entschärfung von Hitzeinseln. All diese Vorteile lassen sich durch geeignete Siedlungsstrukturen, wie etwa die räumliche Anordnung von Wohnraum, Arbeitsstätten, Einkaufszentren, Schulen, Spitälern oder Altersheimen, die weitgehend den Verkehrsaufwand determinieren, sowie durch gesetzliche Grundlagen und Richtlinien in der Raum- und Städteplanung nutzen (hohe Übereinstimmung, starke Beweislage).

Große Potenziale liegen darin, dass aktive Mobilität, öffentlicher Verkehr und Sharing deutlich attraktiver gemacht werden als motorisierter Individualverkehr: Z. B. können Umweltzonen mit reduziertem motorisierten Verkehr, Flaniermeilen und Radstraßen aktive Mobilität fördern, während Parkplätze nur der Elektromobilität vorbehalten bleiben oder Genehmigungen für Carsharing Unternehmen nur für Elektrofahrzeuge gegeben werden. Derartige „Pull"-Maßnahmen können durch Maßnahmen zur Internalisierung der externen Kosten insbesondere des motorisierten Verkehrs finanziert und verstärkt werden.

Um das hohe Potential des Mobilitätssektors für Klimaschutz und Gesundheitsförderung gleichermaßen zu nutzen, bedarf es der institutionalisierten Kooperation zwischen den zuständigen Ressorts in Kommunen, Ländern und auf nationaler Ebene. Funktionierende Zusammenarbeit setzt vor allem voraus, dass die notwendigen Ressourcen und Kapazitäten für den Informations- und Meinungsaustausch zur Verfügung gestellt werden (hohe Übereinstimmung, mittlere Beweislage).

Hoher Handlungsbedarf besteht auch beim politisch stark begünstigten Flugverkehr, der im Pariser Klimaabkommen nicht geregelt ist. Es besteht kein Zweifel an der außerordentlich hohen Klimarelevanz des Flugverkehrs sowie am dringenden Handlungsbedarf (hohe Übereinstimmung, starke Beweislage), jedoch werden Schritte zur Reduktion aufgrund von damit verbundenen wirtschaftlichen Interessen oft abgelehnt. Eine Reduktion des Flugverkehrs, z.B. durch eine CO_2-Steuer auf das bislang unbesteuerte Kerosin, verringert auch gesundheitsrelevante Emissionen, wie Feinstaub, sekundäre Sulfate und sekundäre Nitrate, sowie Lärm und das erhöhte Risiko der Übertragung von Infektionskrankheiten.

5.3 Wohnen

Handlungsbedarf: Die Wohnsituation ist für Gesundheit, Wohlbefinden, Anpassung an den Klimawandel und Klimaschutz von zentraler Bedeutung. Sowohl die räumliche Anordnung (Siedlungsstrukturen) wie auch die Bauweise schaffen langfristige Pfadabhängigkeiten mit weitreichenden Konsequenzen für das Mobilitäts- und Freizeitverhalten. Gebäude verursachen in Österreich etwa 10 % der THG-Emissionen, Tendenz sinkend, aber der Gebäude- und Wohnungsbestand wächst seit Jahrzehnten und besteht zu 87 % aus Ein- und Zweifamilienhäusern; nur 13 % bestehen aus Häusern mit 3 oder mehr Wohnungen.

Die verstärkte Hitzebelastung im Sommer mit fehlender nächtlicher Abkühlung führt vor allem in Städten zu ungünstigerem Raum- und Wohnklima und damit zu gesundheitlichen Belastungen (besonders für gesundheitlich vorbelastete und alte Menschen sowie Kinder) (hohe Übereinstimmung, starke Beweislage). Weitere gut untersuchte Belastungsfaktoren sind Lärm und Luftschadstoffe. Ab ca. 55 dB(A) Lärmpegel gemessen nachts vor dem Fenster können sich bereits gesundheitliche Folgen, wie Störungen der Herz-Kreislauf-Regulation, psychische Erkrankungen, reduzierte kognitive Leistung oder Störungen des Zuckerhaushaltes, einstellen. Solche Pegel treten regelmäßig auf stark befahrenen Straßen (innerstädtisch und bei Freilandstraßen und Autobahnen) sowie in der Nähe von Flughäfen auf. Lärm und Luftschadstoffe schränken auch die Möglichkeit nächtlicher Lüftung ein.

Handlungsoptionen: Damit Stadtplanung zur zentralen Grundlage für gesundheitsförderndes und klimafreundliches Wohnen werden kann, sollten KlimatologInnen und fachlich spezialisierte ÄrztInnen routinemäßig in Planungsprozesse eingebunden werden. Klimawandelanpassung und Emissi-

onsminderung sind im Bereich Bauen und Wohnen nicht getrennt von Verkehr bzw. Grünraum und Naherholung zu betrachten. Während Richtlinien, Regelwerk und Fördermaßnahmen zunehmend auf den Klimawandel Rücksicht nehmen, bleiben die engen Wechselwirkungen von Wohnen und Verkehr bzw. Autoabstellplätzen meist unberücksichtigt.

Die Sanierungsrate ist beim Altbestand in Österreich bei gleichzeitig geringer Sanierungsqualität mit unter 1 % außerordentlich niedrig. Die Barrieren unterschiedlicher EigentümerInnenstrukturen sowie divergierende NutzerInnen-EigentümerInnen-Interessen bedürfen dringend einer Lösung. Höhere Sanierungsraten mit höherer Qualität (z. B. gute Wärmedämmung, Einsatz von Komfortlüftungsanlagen) haben durch Reduktion des Hitzestresses positive Effekte für die Gesundheit (hohe Übereinstimmung, starke Beweislage). Ähnliches gilt für Büros, Krankenhäuser, Hotels, Schulen etc. Dies kann auch helfen, den Einsatz von energieintensiven Klimaanlagen zu reduzieren. Bei dem verständlichen Anspruch des „leistbaren Wohnens" ist „billiges Bauen" zu vermeiden, da höhere Heizkosten als bei klimafreundlichen Bauten anfallen, was wiederum die Frage der Leistbarkeit aufwirft. Auch abgasarme Heizungs- und Warmwasseraufbereitungssysteme basierend auf erneuerbarer Energie sind wesentliche Beiträge zum Klimaschutz, aber in Siedlungsgebieten dienen sie zugleich der Gesundheit, wenn sie die Luftbelastung reduzieren (hohe Übereinstimmung, starke Beweislage).

Ein- und Zweifamilienhäuser und die damit verbundenen Garagen und Verkehrsflächen bedeuten erhöhten Flächen-, Material- und Energieaufwand sowie meist eine langfristige Bindung an motorisierten Individualverkehr und sind daher aus Klima- und Gesundheitssicht im Neubau in Frage zu stellen (hohe Übereinstimmung, starke Beweislage). Mit knapp 2 % Bevölkerungswachstum und rund zehn Prozent Versiegelungszuwachs (ca. 22 Hektar pro Tag) liegt Österreich im Spitzenfeld der Versiegelung in Europa. Dies erfordert, dass dem „eigenen Haus mit Garten" attraktivere Lösungen wie Mehrfamilienwohnungen mit Grünschneisen in verkehrsarmen, gut versorgten Zonen hoher Lebensqualität entgegengestellt werden, die neben zahlreichen Vorteilen für Klima und Gesundheit auch die Gemeinschaftsbildung befördern. Die Entwicklung geeigneter Passivhaus- bzw. Plusenergiehausstandards für größere Gebäude ist dringlich (hohe Übereinstimmung, starke Beweislage).

5.4 Gesundheitssektor

Handlungsbedarf: Das Gesundheitssystem Österreichs ist mit einem 11 % Anteil am BIP (2016) ein wirtschaftlich, politisch und gesamtgesellschaftlich bedeutender aber auch klimarelevanter Sektor, der bereits an die Grenzen seiner öffentlichen Finanzierbarkeit stößt. Während das Gesundheitssystem der Wiederherstellung der Gesundheit dient, trägt es paradoxerweise direkt (z. B. durch Heizen/Kühlen und Stromverbrauch) und indirekt (vor allem durch die Erzeugung medizinischer Produkte) zum Klimawandel und seinen Folgen für die Gesundheit bei (hohe Übereinstimmung, mittlere Beweislage). Emissionsminderung im Gesundheitssektor wird bislang in der österreichischen Klima- und Energiestrategie – wie auch international – nicht angesprochen. Ebenso zeigen die Reformpapiere zum Gesundheitssystem keinerlei Bezüge zum Klimawandel. Die „bundesweiten Gesundheitsziele Österreich" beinhalten zwar die nachhaltige Sicherung natürlicher Lebensgrundlagen (Gesundheitsziel 4), geben allerdings keinen Hinweis auf die Notwendigkeit, die Emissionen des Gesundheitssektors zu reduzieren. Bisher haben einige Krankenhäuser, auch aus wirtschaftlichen Gründen, Energieeffizienz- bzw. Emissionsminderungsmaßnahmen im Gebäudebereich umgesetzt. Der Beitrag des österreichischen Gesundheitssystems zu den THG-Emissionen wird zurzeit in einem Projekt des Österreichischen Klimaforschungsprogramms erstmals erhoben.

Potenzial: Neben traditionellem Umweltschutz, z. B. im Gebäudebereich, zeigt sich, dass ein großer Anteil der THG-Emissionen aus den Vorleistungen stammt. So gibt eine Carbon-Footprint-Studie des Gesundheitssektors für die USA an, dass 10 % der THG-Emissionen der USA direkt und indirekt vom Gesundheitssystem verursacht werden, wobei die Emissionen der Vorleistungen die vor Ort emittierten direkten Emissionen übersteigen. Dabei verursachen die pharmazeutischen Produkte den größten THG-Anteil. Studien aus England und Australien zeigen ein ähnliches Bild, wenn auch mit etwas geringeren Werten (hohe Übereinstimmung, mittlere Beweislage).

Neben den gesundheitlichen Folgen der Emissionen (z. B. Feinstaubemissionen) aus dem Gesundheitssystem ist die Vermeidung unnötiger oder nicht evidenzbasierter Krankenbehandlungen (im Krankenhaus) für Gesundheit und Klima von Vorteil (hohe Übereinstimmung, mittlere Beweislage). Hierzu zählen z. B. die Vermeidung von Über- und Fehlversorgung mit Medikamenten, Mehrfachdiagnosen oder Fehlbelegungen (d. h. der Krankheitsdiagnose nicht entsprechende Versorgung).

Handlungsoptionen: Chancen für Gesundheit und Klima können besser genutzt werden, wenn eine spezifische Klimaschutz- (und Anpassungs-) Strategie für das Gesundheitssystem als politisches Orientierungsdokument für die AkteurInnen auf Bundes-, Landes- und Organisationsebene entwickelt wird. Diese sollte, auch mit Bezug auf das österreichische Gesundheitsziel 4, auf eine Reduktion der direkten und indirekten THG-Emissionen, anderer gesundheitsrelevanter Emissionen, der Abfälle und des Ressourceneinsatzes sowie auf Anpassungsmaßnahmen wie die Entwicklung klimabezogener Gesundheitskompetenz und die Implementierung des Themas „Klima und Gesundheit" in die Aus-, Fort- und Weiterbildung von Gesundheitsberufen abzielen. In der Umsetzung kann auf nationale und internationale Vorbilder zurückgegriffen werden (z. B. National Health Service England, Österreichische Plattform Gesundheitskompetenz (ÖPGK)). Begleitend zur Umsetzung der Strategie sind partizipativ gestaltete Austauschstrukturen der verschiedensten AkteurInnen zentral.

Das Umweltmanagement vor allem in Krankenhäusern kann durch die systematische (und ggf. verpflichtende) Implementierung von umweltbezogenen Qualitätskriterien in die Qualitätssicherung und durch Anreizmechanismen des Gesundheitsqualitätsgesetzes unterstützt werden.

Die Vermeidung unnötiger oder nicht evidenzbasierter Diagnostik und Therapien hat großes Potenzial zur Reduktion der THG-Emissionen, des Risikos für PatientInnen und der Gesundheitskosten (hohe Übereinstimmung, starke Beweislage). Eine systematische Einführung der internationalen Initiative „Gemeinsam klug entscheiden" verspricht wesentliche Fortschritte bei der Vermeidung von Über-, Fehl- und Unterversorgung mit großen ökonomischen und ökologischen Vermeidungspotentialen (hohe Übereinstimmung, schwache Beweislage). Problematisch für die Vermeidung unnötiger Diagnostik und Therapien ist dabei der sehr hohe Anteil der Pharmaindustrie und Medizintechnik an der Finanzierung der ärztlichen Fortbildungen in Österreich, der eine interessensunabhängige Fortbildung zur Vermeidung kaum möglich macht.

Die konsequente Priorisierung einer multiprofessionellen Primärversorgung sowie der Gesundheitsförderung und der Prävention entsprechend der Gesundheitsreform kann energieintensive Krankenhausbehandlungen und damit THG-Emissionen vermeiden (hohe Übereinstimmung, schwache Beweislage). Intensivierte Gesundheitsförderung in der Krankenbehandlung kann auch genutzt werden, um zu einer gesünderen Ernährung und mehr Bewegung durch aktive Mobilität auch im Sinne des Klimaschutzes beizutragen. Die verstärkte Verlagerung von Krankenversorgung in die regionale Primärversorgung (niedergelassene ÄrztInnen oder Gesundheitszentren) kann zudem durch Vermeidung von Verkehr der PatientInnen und BesucherInnen in Krankenhäuser THG-Emissionen reduzieren.

Diese Umsetzungsinitiativen benötigen Analysen klimarelevanter Prozesse im Gesundheitssystem (z. B. zu THG-intensiven Medizinprodukten und ihren Alternativen). Die Komplexität der Zusammenhänge erfordert internationale, interprofessionelle, inter- und transdisziplinäre sowie praxisrelevante Forschungsvorhaben mit entsprechender Forschungsförderung.

6 Transformation im Schnittfeld von Klima und Gesundheit

Technologische Lösungen, wie Steigerung der Energieeffizienz, Elektromobilität, neue Therapien oder Gebäudesanierungen, allein werden weder ausreichen, um gesundheitliche Klimafolgen  in Österreich im angemessenen Rahmen zu halten, noch um die Verpflichtungen des Pariser Klimaabkommens zu erfüllen und schon gar nicht um der Verantwortung Österreichs in der Welt entsprechend der SDGs nachzukommen. Vielmehr ist ein tiefgreifender Transformationsprozess erforderlich, der sowohl Konsum- und Wirtschaftsweisen als auch unser Gesundheitssystem konstruktiv hinterfragt, um entsprechend der Sustainable Development Goals (SDGs) Akzente für neue Entwicklungspfade mit attraktiver Lebensqualität und Chancen für alle zu setzen. So eine tiefgreifende Transformation hat naturgemäß mit Widerständen, wie inhärenten Erhaltungsneigungen, zu rechnen, bei denen oft Partikularinteressen hochgehalten werden, ohne dabei die langfristigen Nachteile und die sich aufbauenden Risiken für das Allgemeinwohl entsprechend zu berücksichtigen. Um in diesem Spannungsfeld Neues und Innovatives auszuprobieren, scheinen speziell transformative Schritte im Schnittfeld von Klima und Gesundheit geeignet, da sich für einige Bereiche gesundheitliche Vorteile für viele spürbar und relativ rasch bei gleichzeitigen Vorteilen für das Klima einstellen.

6.1 Die politikübergreifende Transformation initiieren

Das Konzeptualisieren eines schrittweisen, reflexiven und adaptiven Transformationsprozesses kann verhindern, dass unzusammenhängende Einzelmaßnahmen Gefahr laufen, ohne große Wirkung zu verpuffen. Erst wenn z. B. Hitzeereignisse, demographische Dynamiken, Verkehr inklusive aktiver Mobilität, Grünraum, gesunde Ernährung, klimabezogene Gesundheitskompetenzen sowie ein auf Prävention und Gesundheitsförderung ausgerichtetes klimafreundlicheres Gesundheitssystem gemeinsam gedacht und entwickelt werden, können die zahlreichen Synergien genutzt und nachteilige Wechselwirkungen vermieden werden.

Ein derartiger Transformationsprozess im Schnittfeld von Klima und Gesundheit ist zwar bereits in einigen Strategien in Österreich angelegt, hat allerdings bis dato kaum das entsprechende Momentum entfalten können. Zumindest die folgenden drei strategischen Felder bieten sich für eine synergistische Nutzung an: Zum einen sind dies die österreichischen Gesundheitsziele, die auf Veränderungen abzielen, die höchste Klimarelevanz aufweisen (Ziel 2 Gesundheitliche Chancengerechtigkeit, Ziel 3 Gesundheitskompetenz, Ziel 4 Luft, Wasser, Boden und Lebensräume sichern, Ziel 7 Gesunde Ernährung, Ziel 8 Gesunde und sichere Bewegung). Zum anderen sind das Pariser Klimaabkommen sowie die jüngst verabschiedete österreichische Klima- und Energiestrategie wie auch die österreichische Anpassungsstrategie zu nennen. Zentrales Augenmerk der Klima- und Energiestrategie liegt auf Verkehr und Gebäuden, höchst gesundheitsrelevante Bereiche. Speziell beim Verkehr wird konkret die Gesundheitsförderung durch aktive Mobilität angesprochen. Und nicht zuletzt verpflichtet die von Österreich ratifizierte Resolution der UNO Generalversammlung „Transformation unserer Welt: die Agenda 2030 für nachhaltige Entwicklung" mit seinen 17 Entwicklungszielen und 169 Unterzielen zu weitreichenden transformativen Schritten, die Klima und Gesundheit umfassen. Im aktuellen Bericht des Bundeskanzleramts wird bereits darauf hingewiesen, dass die Gesundheitsziele auch zur Erreichung vieler Nachhaltigkeitsziele beitragen.

Die WHO Europa sieht in ihrem letzten Statusbericht zu Umwelt und Gesundheit in Europa bisher die fehlende intersektorale Kooperation auf allen Ebenen als Haupthindernis für eine erfolgreiche Umsetzung von klimarelevanten Maßnahmen (hohe Übereinstimmung, starke Beweislage). Auch die EU fordert die Integration von Gesundheit in klimabezogene Anpassungs- und Minderungsstrategien in allen anderen Sektoren, um eine Verbesserung der Bevölkerungsgesundheit zu erreichen.

Klimapolitik kann hier zum Motor für „Health in all Policies" werden und Gesundheit kann zum Antrieb für zentrale transformative Schritte werden. Sollen diese Chancen genutzt werden, benötigt es allerdings eine entschiedene Zusammenarbeit, die aufgrund der skizzierten Ausgangsbedingungen (Gesundheitsziele, Klima- und Energiestrategie, Nachhaltigkeitsziele) in Österreich gelingen kann. Klima- und Gesundheitspolitik könnten durch einen klaren politischen Auftrag eine strukturelle Koppelung mittels Austauschstrukturen für einen Transformationsprozess im Schnittfeld von Klima und Gesundheit in Gang setzen, der damit zudem wichtige Beiträge zur Erreichung der Nachhaltigkeitsziele liefern kann. Für eine zügige Umsetzung wäre eine breite partizipative Einbeziehung von Bund, Ländern, Gemeinden, aber auch den Sozialversicherungsträgern und der Wissenschaft erforderlich. Konkrete klima- sowie gesundheitsrelevante Ansatzpunkte sind z. B. der Komplex Hitze-Gebäude-Grünraum-Verkehr, die gesunde und klimafreundliche Ernährung, aktive Mobilität, Gesundheitskompetenzentwicklung, die Emissionsminderungs- und Anpassungsstrategie für das Gesundheitssystem und auch der systematische Einsatz der Umweltverträglichkeitsprüfung kombiniert mit einer Gesundheitsfolgenabschätzung **für die Regional- und Stadtplanung.**

6.2 Das Potenzial der Wissenschaft für die Transformation nutzen

Selbst wenn klar ist, was sowohl aus gesundheitlicher als auch aus Klimasicht erreicht werden soll – z. B. geringerer Fleischkonsum, weniger Flugverkehr oder dichtere Wohnstrukturen –, bleibt doch die Frage offen, wie die Maßnahmen konkret ausgestaltet werden können, um die Bevölkerung und Entscheidungstragenden dafür zu gewinnen und wie Nachteile vermieden und Chancen genutzt werden können. Dafür sind innovative Methoden der Wissenschaft gefordert, die Systeme nicht nur von außen beobachten und analysieren, sondern die mit transdisziplinären Ansätzen gezielt partizipative Veränderungsprozesse mit auslösen, indem sie Lernprozesse einleiten, die auch neue Problemlösungen wahrscheinlicher machen. Davon unbenommen ist die Wissenschaft ebenso für die Evaluation von Maßnahmen, das Herausfinden erfolgskritischer Zusammenhänge oder schlicht für das bessere Verstehen von geeigneten Kommunikationsformen für schwer erreichbare Gruppen gefordert.

Um mehr Handlungssicherheit zu erhalten, wird die Entwicklung und Umsetzung eines Konzepts zum Monitoring von Folgen des Klimawandels in allen Natursphären und für die Gesundheit angeregt. Für ein besseres Verständnis der direkten und indirekten Auswirkungen des Klimawandels wird der Aufbau und Betrieb von Testgebieten vorgeschlagen. Um ein umfassendes Bild über Vulnerabilität und bereits vorhandene Gesundheitsfolgen des Klimawandels zu erhalten, wird ein umfassendes Bevölkerungsregister, wie es etwa in Skandinavien realisiert wurde, vorgeschlagen.

Für eine erhöhte Handlungssicherheit ist es darüber hinaus erforderlich, Wissenslücken bezüglich des Schnittfeldes von Klimawandel, Demographie und Gesundheit zu schließen. Dazu gehören Emissionserhebungen von Gesundheitsleistungen (inklusive der Vorleistungen), das Aufzeigen von Minderungsmaßnahmen und Life Cycle Analysen zu medizinischen Produkten, insbesondere für Arzneimittel, um die Nebenwirkungen, z. B. des Klimaeffekts der Krankenbehandlung in Bezug zum Ergebnis der Krankenbehandlung, einschätzen zu können (ob der Erfolg den Schaden lohnt). Es besteht auch Bedarf an Analysen der Wirksamkeit von Überwachungs- und Frühwarnsystemen hinsichtlich der Verringerung gesundheitlicher Folgen, wobei hier auch methodische Fragen der Quantifizierbarkeit des Erfolgs zu lösen sind (z. B. Messbarkeit der Reduktion psychischer Traumata).

Sowohl in der medizinischen als auch in der landwirtschaftlichen Forschung wäre mehr Transparenz hinsichtlich wissenschaftlicher Fragestellungen, Versuchsanordnungen aber auch Finanzierungsquellen erforderlich, weil in beiden Bereichen Forschung und Ausbildung in erhöhtem Maße von Interessensgruppen bzw. der Wirtschaft getragen werden.

Dies wäre z. B. für die effektive Reduktion von Überdosierungen und Mehrfachdiagnosen ein wichtiger Schritt.

Die zunehmende Technisierung von Gebäuden zur Erhöhung der Energieeffizienz wirft die Frage nach neuen gesundheitlichen Problemen und der effektiven Netto-THG-Reduktion auf, wenn die Vorleistungen im Sinne des Carbon-Footprints mitberücksichtigt werden.

Die biologische Landwirtschaft kann die Erreichung des Pariser Klimaabkommens bei gleichzeitig breiter Nachfrage nach qualitätsvollen Nahrungsmitteln gut unterstützen. Dazu wären allerdings wissenschaftlich abgesicherte Aussagen zur Wirkung von biologisch gegenüber konventionell produzierten Nahrungsmitteln für die Gesundheit erforderlich.

Schließlich kann noch von Initiativen, in denen gesundheitsförderliche und klimafreundliche Praktiken bereits gelebt werden, gelernt werden. Dies sind z. B. Öko-Dörfer, Slow Food oder Slow City Bewegungen und die Transition Towns. Der Abbau von hinderlichen und die Forcierung von förderlichen Faktoren kann für eine Verbreiterung von attraktiven und alltagstauglichen Lebensstilen genutzt werden. Um auf Fehlentwicklungen rechtzeitig hinweisen zu können und gangbare sowie lebensqualitätssteigernde Wege zu identifizieren, kann eine facettenreiche Transformationsforschung als auch eine forschungsgeleitete Lehre die entsprechenden transformativen Entwicklungspfade beschleunigen.

Synthese

Die Kapitel der Synthese entsprechen den Kapiteln des Volltextes. Für genauere Informationen wird daher auf die korrespondierenden Kapitel des Volltextes verwiesen. Weiters enthält der Volltext Hinweise auf online Supplements, die weiterführende Texte zu ausgewählten Inhalten des Reports bringen (siehe http://sr18.ccca.ac.at/). Zudem enthält der Volltext auch Boxen zu Spezialthemen (Stadtentwicklung und Demographie, Flugverkehr, Windkraftanlagen) bzw. einem Fallbeispiel (steirischer Hitzeschutzplan), die in der Synthese nicht beinhaltet sind.

Inhalt

Kapitel 1: Vorbemerkung

1.1 Herausforderungen

Global betrachtet sind die Folgen des Klimawandels für die Gesundheit bereits heute spürbar, und aktuelle Projektionen des zukünftigen Klimas lassen ein hohes Risiko für die Gesundheit der Weltbevölkerung erwarten (IPCC, 2014: Smith u. a., 2014; Watts u. a., 2015; Watts u. a., 2017).

Für Österreich muss der Klimawandel als bedeutende und weiterhin zunehmende Bedrohung für die Gesundheit eingestuft werden. Der Bericht bewertet drei verschiedene Wirkungspfade:

- Direkte Effekte des Klimawandels auf die Gesundheit, die durch Extremwetterereignisse, etwa vermehrte und intensivere Hitzeperioden, Überschwemmungen, Starkregen oder Dürre, ausgelöst werden.
- Indirekte Effekte von Klima- und Wetterphänomenen, die et al. auf Erreger und Überträger von Infektionskrankheiten wirken und damit die Wahrscheinlichkeit, dass bestimmte Infektionserkrankungen auftreten, erhöhen (APCC, 2014; Haas u. a, 2015; Hutter u. a, 2017).
- Schließlich klimawandelinduzierte Veränderungen in anderen Ländern, die durch Handel und Personenverkehr auch die Gesundheit in Österreich betreffen können (Butler & Harley, 2010; McMichael, 2013).

Nach dem Österreichischen Sachstandsbericht Klimawandel 2014 AAR14 (APCC, 2014) erarbeitet der vorliegende erste österreichische *Special Report* des *Austrian Panel on Cli-*

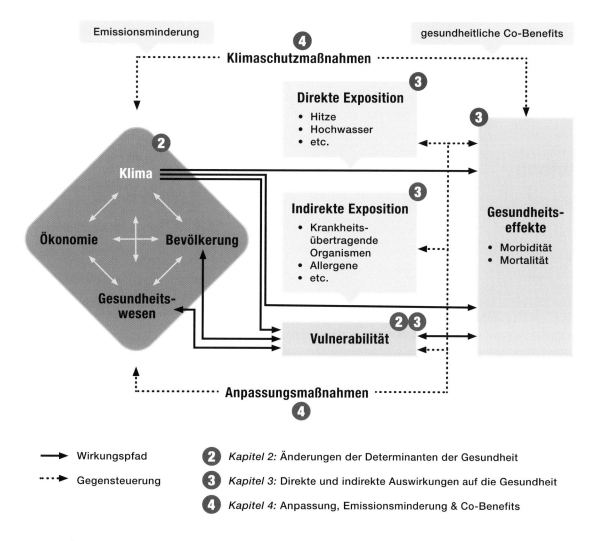

Abb. 1.1: *Dynamisches Modell der im Special Report behandelten Determinanten und deren Auswirkungen auf die Gesundheit: Veränderungen in den vier Gesundheitsdeterminanten Klima, Bevölkerung, Wirtschaft und Gesundheitssystem verursachen über Wirkungspfade Gesundheitseffekte, während Anpassungs- und Klimaschutzmaßnahmen gegensteuern. Die angesprochenen Veränderungen können sich direkt oder indirekt auf die Gesundheit auswirken. Die sich verändernde Vulnerabilität ist für die Effekte ebenfalls maßgeblich. Gesundheitseffekte werden durch Morbidität und Mortalität bemessen. Anmerkungen: Krankheitsübertragende Organismen werden in der Literatur oft Krankheitsüberträger oder Vektoren genannt. Die Nummern in der Grafik bezeichnen die entsprechenden Kapitel des Special Reports. Kapitel 1 Vorbemerkung und Kapitel 5 Schlussfolgerungen sind nicht verortet.*

mate Change (APCC) eine umfassende Zusammenschau und Bewertung von wissenschaftlichen Dokumenten zum spezifischen Thema „Gesundheit, Demographie und Klimawandel". Ziel der Bewertung ist es, zu erkennen, wo auf gesichertes Wissen zurückgegriffen werden kann, wo Konsens und wo Dissens herrscht, wo noch große Unsicherheiten bestehen und wo eine weitere Beobachtung von Entwicklungen angebracht ist. Dabei geht es nicht nur um das Erkennen drohender Gefahren, sondern auch um das Identifizieren von Chancen. Zwischen Klima- und Gesundheitspolitik akkordierte Strategien können sowohl Treibhausgasemissionen reduzieren als auch Gesundheitsvorteile lukrieren. Im Stile des AAR14 und der IPCC Berichte wurde ein inhaltlich umfassender, interdisziplinär ausgewogener und transparenter Prozess aufgesetzt, um eine glaubwürdige, für Österreich relevante und durch den Prozess legitimierte Bewertung bereit zu stellen, die als Entscheidungsgrundlage für Wissenschaft, Verwaltung und Politik effizientes und verantwortliches Handeln ermöglicht. Zentrale Erkenntnis der 1 ½-jährigen Arbeit ist, dass eine gut aufeinander abgestimmte Klima- und Gesundheitspolitik ein wirkmächtiger Antrieb für eine Transformation hin zu einer klimaverträglichen Gesellschaft sein kann, die aufgrund ihres Potenziales für mehr Gesundheit und Lebensqualität hohe Akzeptanz ermöglicht.

1.2 Aufbau

In der vorliegenden Synthese sind die wesentlichen Aussagen der einzelnen Kapitel des SR18 zusammengefasst. Details zu den 5 Kapiteln können in diesem umfassenden Bewertungsbericht nachgelesen werden.

Der Bericht richtet sein Hauptaugenmerk auf den Klimawandel im Zusammenspiel mit Veränderungen in der Bevölkerung, der Ökonomie und dem Gesundheitssystem. Diese für die Gesundheit wesentlichen Determinanten stehen auch in Wechselbeziehung zueinander, da ein verändertes Klima und veränderte demographische Merkmale z. B. auf die Wirtschaft und das Gesundheitssystem wirken (siehe Kap. 2). Basierend auf den Veränderungen der Gesundheitsdeterminanten fokussiert das Kapitel 3 auf die gesundheitlichen Auswirkungen, wobei die veränderte Vulnerabilität der Bevölkerung berücksichtigt wird. Dabei werden die über direkte und indirekte Exposition auf die Gesundheit wirkenden Folgen und Klimafolgen in anderen Weltregionen mit Gesundheitsrelevanz für Österreich bewertet. In der Folge werden in Kapitel 4 Anpassungsmaßnahmen und Klimaschutzmaßnahmen bewertend diskutiert. Ein besonderes Augenmerk liegt dabei auf solchen Maßnahmen, die ein Potenzial für sogenannte Co-Benefits, Vorteile für Klima und Gesundheit, aufweisen. Kapitel 5 liefert eine Zusammenschau, zieht Schlussfolgerungen und zeigt vor dem Hintergrund der Unsicherheiten Handlungsoptionen auf bzw. diskutiert Schritte zur anpassenden Systementwicklung und Transformation (siehe Abb. 1.1).

1.3 Ziele und Zielgruppen

Der Stand des Wissens und seiner Bewertung soll den Handlungsbedarf verdeutlichen und die Handlungsoptionen aufzeigen, die bereits in der Literatur bzw. im ExpertInnendiskurs erkennbar sind. Der Bericht stellt nicht eine „rezepthafte Verschreibung" an Politik und Verwaltung (not policy prescriptive) dar, sondern ist vielmehr eine politikrelevante Ressource, die Orientierung aber auch Impulse geben soll (policy relevance). Damit liefert der Bericht Entscheidungstragenden eine Legitimationsgrundlage für Umsetzungsschritte.

Thematisch soll der Bericht dazu beitragen, dass Klimapolitik und Klimaforschung Gesundheit als einen wirkmächtigen Antrieb anerkennen und gezielt nutzen. Während für konkrete Klimaschutzinitiativen die reduzierten Klimafolgen weder bezüglich Ausmaß, Zeitlichkeit noch räumlichem Auftreten abschätzbar sind, sind deren potenzielle Gesundheitsvorteile gut abschätzbar und stellen sich lokal und zeitnah ein. Damit bieten sie eine gute Legitimation für entschiedenes politisches Handeln (Ganten u. a., 2010; Haines, 2017; Haines u. a., 2009; IAMP, 2010). Im Fall der Anpassung an den Klimawandel ist eine potenzielle Reduktion von Gesundheitsfolgen ebenfalls ein legitimierendes und evidenzbasiertes Argument (Steininger u. a., 2015).

Auch die demographischen Dynamiken erfordern im Zusammenspiel von Klimawandel und Gesundheit weit mehr Berücksichtigung als bisher. Bezogen auf Gesundheitspolitik und Gesundheitsforschung möchte der Bericht dazu beitragen, dass der Klimawandel und seine Folgen als ernstzunehmende Faktoren routinemäßig mitbetrachtet werden. Zudem ist der Beitrag des Gesundheitssystems zu klimarelevanten Emissionen, die letztlich die Gesundheit gefährden, nicht unerheblich und sollte daher von Gesundheitsforschung und -politik ernsthaft berücksichtigt werden.

Zielgruppenspezifische Kommunikation ist hier wesentlich. Neue Möglichkeiten entstehen, wenn Klima-Kommunikation mit Gesundheit kombiniert wird. Während Botschaften zu Klimathemen tendenziell entweder moralisierend an Einzelne appellieren oder sperrig werden, weil sie komplexe strukturelle Rahmenbedingungen hinterfragen, verweisen gesundheitlich motivierte Botschaften meist auf individuelle Gesundheitsvorteile, wobei sie strukturelle Faktoren eher vernachlässigen. Diese komplementären Vor- und Nachteile können in einer auf Dialog ausgerichteten Kommunikation kombiniert werden.

Schließlich möchte der Bericht sektorenübergreifende Kooperation zwischen Politik, Verwaltung und Forschung in den Bereichen Gesundheit und Klima unter Berücksichtigung demographischer Dynamiken begünstigen. Speziell Gesundheits-Co-Benefits von Maßnahmen des Klimaschutzes bzw. der Anpassung an den Klimawandel bieten hier zahlreiche Chancen für eine fruchtbare Zusammenarbeit zum Nutzen von Gesundheit und Klima.

Kapitel 2: Veränderung der Gesundheitsdeterminanten

Kernbotschaften

Getrieben von der Temperaturzunahme, die mit beispielloser Geschwindigkeit vor sich geht, verändern sich weltweit – auch in Österreich – die klimatischen Bedingungen, welche die gesundheitlichen Einflussfaktoren direkt und indirekt mitbestimmen.

- Bei gesundheitsrelevanten Klimaindikatoren sind in folgenden Bereichen größere Veränderungen zu erwarten:
  - bei Extremereignissen hinsichtlich Auftrittshäufigkeit, Dauer und Intensität (z. B. Hitzewellen, Dürre, Starkniederschläge, Hochwasser)
  - bei der klimainduzierten Änderung der Verbreitungsgebiete lokal bisher nicht bekannter oder wenig verbreiteter allergener Pflanzen und krankheitsübertragender Organismen (z. B. *Anopheles*-Mücken)
  - bei der klimabedingt verstärkten Wirkung von Luftschadstoffen
- Um die Resilienz innerhalb der Gesellschaft gegenüber zu erwartenden Klimafolgen zu erhöhen, gilt es mögliche relevante Systemwechselwirkungen und daraus ableitbare Adaptionsstrategien zu erforschen.

Die demographische Zusammensetzung der Bevölkerung spielt für die Analyse der Auswirkungen des Klimas auf die Gesundheit ebenfalls eine wichtige Rolle.

Bevölkerungsgruppen unterscheiden sich hinsichtlich ihrer Vulnerabilität, wobei diese verschiedenste Ursachen haben kann: Besonders vulnerable Gruppen sind ältere Menschen, Kinder, Menschen mit Behinderung, chronisch kranke Menschen, Minderheiten und Personen mit niedrigem Einkommen, die aufgrund struktureller, rechtlicher und kultureller Barrieren oft nur eingeschränkten Zugang zur Gesundheitsinfrastruktur haben.

Infolge der fortschreitenden demographischen Alterung ist damit zu rechnen, dass ein zunehmender Anteil der Bevölkerung Österreichs Teil der Risikogruppe wird. Betrug die Zahl der Personen im Alter von 65 und mehr Jahren im Jahr 2017 noch 1,63 Mio., so wird diese bis 2030 um eine halbe Million (31 %) auf 2,13 Mio. zunehmen.

Weniger eindeutig sind die Vulnerabilitätseffekte von Migration, die als weitere wichtige Auswirkung klimatischer Veränderungen auf Bevölkerungen gesehen werden kann. Während diese zumeist innerhalb nationaler Grenzen stattfindet, deutet eine zunehmende Zahl an Studien darauf hin, dass Umwelteinflüsse auch internationale Migration hervorrufen können. Hier ist ebenso mit einer Zunahme des Anteils der Risikogruppe der nach Österreich zuwandernden Bevölkerung zu rechnen.

Nicht zu vernachlässigen ist auch der indirekte Einfluss von klimatischen Veränderungen auf Migrationstendenzen durch die Befeuerung von Konflikten, was zweifellos zu einem Anstieg der Vulnerabilität führt. Zugleich leistet Migration aber auch einen Beitrag zur Abschwächung des Effekts der Alterung, was tendenziell eher vulnerabilitätsmildernd wirken kann.

Um die zukünftigen Auswirkungen des Klimawandels auf vulnerable Bevölkerungsgruppen gering zu halten, sind rechtzeitig Vorsorgemaßnahmen zu treffen, welche den spezifischen Vulnerabilitätsmustern unterschiedlicher Bevölkerungsgruppen gerecht werden. Die Nicht-Berücksichtigung demographischer Faktoren kann zu fehlgeleiteten Politikmaßnahmen führen.

Auch volkswirtschaftliche Probleme können die Bereitstellung öffentlicher Gesundheitsleistungen beeinträchtigen und somit Vulnerabilität erhöhen.

Die prominentesten Faktoren sind steigende Ungleichheit, Alterung oder die Automatisierung der Produktion. Der Klimawandel kann zum einen Ursache ökonomischer Veränderungen sein, zugleich aber auch die vulnerabilitätssteigernde Wirkung der genannten ökonomischen Veränderungen verschärfen.

Nachhaltige wirtschaftliche Rahmenbedingungen werden erforderlich sein, um Ungleichheit befördernde Wirtschaftskrisen zu vermeiden und eine erfolgreiche Anpassung an den Klimawandel für alle zu gewährleisten.

Der Klimawandel beeinflusst das Gesundheitssystem bzw. die Gesundheitsversorgung, wobei die Kompetenzen zur Vermeidung oder Abschwächung seiner direkten und indirekten gesundheitlichen Folgen fragmentiert sind und oft außerhalb des Gesundheitssystems liegen.

Um der erhöhten Inanspruchnahme des Gesundheitssystems infolge des Klimawandels zu begegnen, gilt es, das Handlungsspektrum über die Akteure des Gesundheitssystems hinaus zu verbreitern.

Verstärkte Vorhaltung und Inanspruchnahme des Gesundheitssystems haben nicht nur gesundheitsökonomische Implikationen, sondern tragen ihrerseits selbst durch verstärkte Emissionen zum Klimawandel bei (z. B. durch Kühl- und Heizsysteme, Beschaffung und Transport etc.).

Ökonomische Bewertungen, die Kosten und Nutzen von spezifischen Maßnahmen zum Schutz der Gesundheit vor den Folgen des Klimawandels untersuchen, liegen kaum vor. Die erhöhte Krankheitslast führt jedoch unumstritten zu ökonomischen Folgekosten, u. a. bedingt durch erhöhte Präventionskosten und Inanspruchnahme, Produktivitätsausfälle (Krankenstände), direkte Schäden und Investitionsaufkommen.

2.1 Einleitung

In Anwendung des von der Weltgesundheitsorganisation bereitgestellten konzeptionellen Rahmens der Gesundheitsdeterminanten (WHO, 2010a) beschäftigt sich dieses Kapitel mit den sozialen, politischen und ökologischen Kontexten, die auf Gesundheit wirken – speziell Bevölkerungsdynamik, Wirtschaft und das Gesundheitssystem mit besonderem Augenmerk auf Veränderungen in der Vulnerabilität. Ausgangspunkt ist aber einmal mehr der Klimawandel, dessen direkte wie auch indirekte Gesundheitsauswirkungen im Kontext des komplexen Wechselspiels der drei genannten Determinanten gesehen werden müssen.

Nicht nur Änderungen in Klima, Wirtschaft und Gesundheitssystem beeinflussen die Gesundheit der Bevölkerung, auch die Änderungen der Bevölkerung selbst wandeln deren Anfälligkeit. In Österreich führen eine längere Lebenserwartung und Abwärtstrends in der Fertilität in den letzten Jahrzehnten zu einer Alterung der Bevölkerung. Diese Veränderung der Altersstruktur wirkt sich durch den verringerten Anteil an erwerbstätiger Bevölkerung über das Rentensystem und den vergrößerten Bedarf nach Langzeitpflege auf soziale Sicherungssysteme, wie das Gesundheitssystem, aus (Hsu u. a, 2015). In ähnlicher Weise trägt auch die Migration (nicht nur hinsichtlich der Bevölkerungszahl, sondern auch in Bezug auf ihre Zusammensetzung) zum demographischen Wandel bei (Philipov & Schuster, 2010). Zuletzt beeinflussen diese demographischen Veränderungen die Morbiditätsmuster, da sie sich auf den Anteil an gefährdeter Bevölkerung auswirken. Die Populationsdynamik ist somit als zentrale Gesundheitsdeterminante zu sehen.

Wenngleich nicht explizit im ursprünglichen konzeptionellen Rahmen der Gesundheitsdeterminanten genannt, hat auch der Klimawandel offensichtlich einen Einfluss auf Determinanten wie Wirtschaft, Gesundheitssystem und Bevölkerungsdynamik (IPCC, 2014). Gesundheitseinrichtungen können direkten Schaden nehmen, aber auch indirekte Schäden sind möglich, z. B. aufgrund des Wiederauftretens oder der erneuten Zunahme bestimmter Infektionskrankheiten, wobei zeitgerechtes Risikomanagement und Vorbereitungsmaßnahmen im öffentlichen Gesundheitssystem vonnöten sein werden, um mit den neuen Anforderungen Schritt zu halten. Antworten des öffentlichen Gesundheitswesens auf diese neuen Herausforderungen müssen hierbei sowohl die Möglichkeit der Emissionsminderung als auch der rechtzeitigen Anpassung sowie mögliche „Co-Benefits" in Betracht ziehen (Frumkin u. a., 2008; Haines, 2017). Treibhausgase zu reduzieren, würde nicht nur helfen, den Klimawandel einzudämmen, sondern auch gesundheitliche Vorteile bringen, weil klimabezogene Risiken verringert werden würden.

Was die Auswirkungen des Klimawandels auf die Bevölkerungsdynamik anbelangt, verdichtet sich die Evidenz, dass Extremwetterereignisse sowie eine Verschlechterung der Luftqualität mit beträchtlicher zusätzlicher Mortalität einhergehen (Forzieri u. a., 2017; Silva u. a., 2013). Auch wirken die akuten Folgen des Klimawandels verstärkend auf Migration über kurze Distanzen, jedoch abschwächend auf Migration über größere Distanzen, da aufgrund von Einkommensverlusten schlichtweg die zur Auswanderung nötigen Ressourcen fehlen. Weiters verstärkt der Klimawandel ökonomische, politische und soziale „Push-Faktoren" in den Herkunftsgebieten (Black, Adger u. a., 2011). Die migrationsbedingten Veränderungen in Bevölkerungsverteilung und -struktur in Österreich wirken sich zugleich wieder auf die dem Klimawandel ausgesetzte Bevölkerung aus. Tatsächlich sind die vom Klimawandel ausgehenden gesundheitlichen Gefahren nicht gleichmäßig über alle Bevölkerungsschichten verteilt und es gilt demographische Unterschiede in der Vulnerabilität zu berücksichtigen (Muttarak u. a., 2016).

2.2 Entwicklung der gesundheitsrelevanten Klimaphänomene: Klimavergangenheit und Klimaprojektionen

Die Zusammenhänge zwischen Klimawandel und Gesundheit sind sehr vielfältig und zum Teil ziemlich komplex. Für die Entwicklung der Spezies Mensch war das Klima schon immer von großer Bedeutung; so ermöglichten die geringen Temperaturschwankungen des Holozäns die Entwicklung der Menschheit von der Steinzeit bis zu den gegenwärtigen Hochkulturen. Die aktuelle Klimaentwicklung unterscheidet sich von den Klimaänderungen in der Vergangenheit einerseits dadurch, dass sie anthropogen verursacht ist, andererseits dadurch, dass sie bedeutend schneller voranschreitet, als das während des Holozäns jemals der Fall war.

Einige meteorologische Phänomene sind von besonderer Relevanz für die menschliche Gesundheit (Tab. 2.1). Das Ausmaß der Veränderungen und die Unsicherheit der Aussagen wurden von KlimaexpertInnen eingeschätzt. In Übereinstimmung mit der internationalen Literatur werden bei Hitze und Dürre die stärksten Veränderungen erwartet bei gleichzeitig geringer Unsicherheit der Aussage. Sie gehen einher mit verminderter Abkühlung bei Nacht. Als ebenfalls sehr relevant bei gesicherter Aussage wird die zeitliche Verschiebung des Auftretens von Allergien eingeschätzt. Viele hydrologische Extremereignisse sind sowohl bezüglich Ausmaß als auch Sicherheit der Aussage etwas niedriger bewertet. Interessanterweise laufen Sicherheit der Aussage und Ausmaß der Änderung im Bereich niedriger Werte sehr parallel. Dies könnte bedeuten, dass es auf diesem Gebiet noch zu wenig Forschung gibt, um die Aussagen zu erhärten und Überraschungen daher durchaus möglich wären.

Klima-induzierte Phänomene	Indikatoren mit potentiellen gesundheitsschädlichen Entwicklungen	Mögliche Gesundheitsfolgen	Ausmaß der Veränderung
Lang-anhaltende Ereignisse	Anstieg der Zahl an Hitzetagen	Hitzestress	2
	kontinuierlicher Temperaturanstieg im Sommerhalbjahr	thermische Belastung	3
	verlängerte Dauer der Hitzeperiode	kumulierende Hitzebelastung	2
	verringerte nächtliche Abkühlung	Erholungsphase fehlt	2
	Gleichzeitigkeit von Hitze und hoher Luftfeuchte	thermische Belastung	2
	rasche Temperaturänderungen	thermische Belastung	1
Kälte	steigende Zahl an Kältetagen	Erfrierungen, Immunsystem belastet	-1
	Dauer der Kälteperiode verlängert	kumulierende Kältebelastung	-1
	sinkende Durchschnittstemperatur	Immunsystem belastet	-1
Hydro-logische Ereignisse	vermehrte Dürre	indirekte Wirkung durch Wasser- und Lebensmittelverknappung	3
	intensivere und/oder häufigere kleinräumige Starkniederschläge	Unfälle, Verletzungen, Traumata	2
	häufigere und/oder intensivere Hochwasserereignisse	Unfälle, Verletzungen, Traumata; Trinkwasserversorgung	1
	vermehrte und/oder heftigere Gewitter	Blitzschlag; Unfälle	2
	zunehmende Ereignisse mit großen Schneemassen	Unfälle, Verletzungen; Basisversorgung	1
	häufigere Vereisungsereignisse	Unfälle, Verletzungen	0
Wind-ereignisse	vermehrte und extreme Stürme	Unfälle, Verletzungen	0
	vermehrte und extreme Windhosen	Unfälle, Verletzungen	1
	vermehrte und extreme Tornados	Unfälle, Verletzungen	1
Lang-anhaltende Ereignisse	höhere Anzahl an Tagen mit Feinstaub-Grenzwertüberschreitung	Dauerbelastung der Atemwege und des Herz-Kreislauf-Systems	-1
	höhere Anzahl an Tagen mit Ozon-Grenzwertüberschreitung	Belastung der Atemwege und des Herz-Kreislauf-Systems	1
	vermehrte Nebellagen	Unfälle	1
Massen-bewegungen	häufigere Muren	physische Einwirkung	2
	häufigere Erdrutsche	phyische Einwirkung	2
	häufigere Felsstürze	physische Einwirkung	1
	häufigere Lawinen	physische Einwirkung	1
Krankheits-vektoren	zunehmende Anzahl und Verbreitung von Zecken	FSME, Lyme-Borreliose	1
	zunehmende Anzahl und Verbreitung von Nagern	Leptospirose, HFRS, Tularämie	1
	zunehmende Anzahl und Verbreitung von *Anopheles*-Mücken	Malaria	2
	zunehmende Anzahl und Verbreitung von *Aedes*-Mücken	Dengue-Fieber, Gelbfieber, Chikunguyafieber	2
	zunehmende Anzahl und Verbreitung von Sandmücken	Leishmaniose	2
	zunehmende Anzahl und Verbreitung von *Culex*-Mücken	West-Nil-Fieber	2
Pollen	Verlängerung der Saison	Allergien	2
	jahreszeitliche Verschiebung	Allergien	2
	stärkeres Auftreten allergener Pflanzen	Allergien	1
	Einwanderung von allergenen Neobiota	Allergien	2
Aquatische Systeme	erhöhter Wasserbedarf	Wasserverknappung	2
	geringere Schneemengen in tiefen Lagen	Wasserverknappung durch verstärkten Winterabfluss	2
	geringerer Grundwasseraufbau	Wasserverknappung	1
	Zunahme der Krankheitserreger im Süßwasser	*Giardia lamblia*-, *E. coli*-, Vibrionen- und *Cryptosporidium*-Infektionen	1
Nahrungs-mittel	lebensmittelbedingte Erkrankungen	*Campylobacter*-, Salmonellen-, *E. coli*- und Vibrionen-Infektionen; Mykotoxine	1
	Ernteeinbußen und -ausfälle	Lebensmittelverknappung	1
	erhöhter Pestizideinsatz durch vermehrte Schädlinge	Rückstände in Nahrungsmitteln, Wirkungen auf AnwenderInnen	2

Zunehmende Sicherheit der Aussage   Gesamter Wirkungsbereich   Inverse Wirkung -1   Keine Wirkung 0   Zunehmende Wirkung 1 2 3 →

Tab. 2.1: Klimainduzierte und gesundheitsrelevante Phänomene, zugehörige meteorologische Indikatoren und entsprechende potenzielle gesundheitliche Wirkungsweisen sowie Abschätzung von Ausmaß der Änderung und Unsicherheit der Aussage durch KlimaexpertInnen.

2.3 Veränderungen in der Bevölkerungsdynamik und -struktur

Die für Österreich in den kommenden Jahrzehnten zu erwartenden demographischen Wandlungsprozesse sind zu einem Großteil bereits in der aktuellen Bevölkerungsstruktur angelegt und recht gut vorhersagbar. Größere Unsicherheit besteht freilich in Bezug auf das Ausmaß zukünftiger Migration, welche sowohl von „push-Faktoren" in den Ursprungsländern als auch von „pull-Faktoren" in den Zielländern abhängen. Inwieweit die zukünftige politische und klimatische Instabilität in den Ursprungsländern zunehmen wird, lässt sich genauso schwer vorhersagen wie die von den jeweiligen politischen Umständen in den Zielländern abhängige Einwanderungspolitik. Österreich könnte in Zukunft mit anderen alternden Gesellschaften in einen Wettbewerb um knapper werdende Arbeitskräfte eintreten, die zum Teil „importiert" werden müssten. Infolge der zunehmenden Automatisierung kann es aber auch zu einem Schwinden der Nachfrage nach menschlicher Arbeitskraft kommen (Acemoglu & Restrepo, 2018).

Ein weiterer Unsicherheitsfaktor in Hinblick auf die Bevölkerung erwächst aus der geografischen Verteilung derselbigen. Das Fortschreiten der Urbanisierung in den Industrieländern wird zwar generell erwartet, in Bezug auf das Ausmaß sowie die daraus resultierenden sozioökonomischen, gesundheitlichen und klimarelevanten Folgen herrscht aber Ungewissheit.

2.4 Veränderungen der Wirtschaft

Die derzeitige Entwicklung der wirtschaftlichen Verhältnisse hin zu größerer Kapitalkonzentration führt zu einem Anwachsen der sozioökonomisch benachteiligten Gruppen. Diese sind besonders anfällig für klimainduzierte Gesundheitsrisiken. Während die Hauptströmungen der Wirtschaftswissenschaften Wachstum grundsätzlich als positiv einschätzen, weil es im Idealfall das Wohlstandsniveau aller Menschen erhöht, werden die umweltschädigenden Folgewirkungen von Wachstum oftmals vernachlässigt. Dies wird von verschiedenen nicht-neoklassischen Denkschulen wie z. B. der politischen Ökonomie, der ökologischen Ökonomie oder der heterodoxen Ökonomie kritisiert, weil die bloße Forderung nach mehr Wachstum zu kurz greift. Vielmehr wird ein gesamtgesellschaftlicher Diskurs darüber gefordert, wie Gesellschaften sich nachhaltig entwickeln sollen. Im Rahmen der Initiative „Wachstum im Wandel", getragen von Bundesministerien, Ländern, Universitäten und NGOs werden diese Fragen regelmäßig und ausführlich diskutiert.

Sozioökonomisch benachteiligte Gruppen und insbesondere armutsgefährdete Personen sind durch den Klimawandel ganz besonders bedroht, da sie nicht über die erforderlichen Ressourcen verfügen, um sich vor den negativen Auswirkungen zu schützen oder da sie durch ihre Lebens- oder Wohnsituation besonders exponiert sind. Zu armutsgefährdeten Personen gehören in einem überproportionalen Anteil Arbeitslose, Frauen, ältere Menschen, Kinder in Ein-Eltern-Haushalten oder in Mehrpersonenhaushalten mit mindestens drei Kindern und Menschen mit Migrationshintergrund (Lamei u. a., 2013). Verteilungspolitische Maßnahmen und die Reintegration in das Erwerbsleben werden daher mit zunehmendem Klimawandel eine größere Bedeutung erlangen.

Der Klimawandel kann vermehrte direkte Schäden an der öffentlichen Infrastruktur sowie an Produktionsanlagen durch Stürme, Starkregen, Hagel, Hochwasser oder Vermurungen verursachen. Darüber hinaus verringern höhere Temperaturen die Arbeitsproduktivität und damit auch die Wirtschaftsleistung (Dell u. a. 2009; Kjellstrom, Kovats u. a., 2009).

2.5 Veränderungen der Gesundheitssysteme

Als Konsens gilt, dass klimainduzierte Effekte zu verstärkter Nachfrage im Gesundheitssystem und damit zu erhöhten Kosten führen. Gesundheitsökonomische Studien bauen üblicherweise auf unterschiedlichen Zukunftsszenarien auf, sodass sie gewissen Schwankungsbreiten unterliegen. Wie stark sich die mannigfaltigen klimainduzierten direkten und indirekten Effekte letztlich in den Gesundheitssystemen auswirken, ist daher unsicher und in hohem Maße von (geo-) politischen Faktoren abhängig.

2.6 Überblick zu den Veränderungen der Gesundheitsdeterminanten

In der Menschheitsgeschichte ist es zwar immer wieder zu Schwankungen im mittleren Temperaturverlauf gekommen, noch nie haben sich diese jedoch in einem so kurzen Zeitraum zugetragen, wie es seit der industriellen Revolution der Fall ist. Auch wenn viele Menschen das angepeilte Klimaziel einer Zunahme von „lediglich" 2 °C innerhalb einiger Dekaden als akzeptabel oder gar begrüßenswert ansehen, sind die Konsequenzen der damit einhergehenden klimatischen Veränderungen noch nicht eindeutig zu bestimmen.

Klimainduzierte Phänomene	Veränderung Klimaindikatoren
Hitze	3
Dürre	3
Starkniederschläge	2
Pollen	2
Massenbewegungen	2
erhöhter Pestizideinsatz	2
Mücken	2
Gewitter	2
Hochwasserereignisse	1
Luftschadstoffe	1
Zecken	1
Schneemassen	1
Stürme	1
Nager	1
Krankheitserreger Lebensmittel	1
Krankheitserreger Wasser	1
Nebellagen	1
Wassermangel	1
Ernteausfälle	1
Vereisung	0
Kälte	-1

Zunehmende Sicherheit der Aussage

Gesamter Wirkungsbereich

Inverse Wirkung -1   Keine Wirkung 0

Zunehmende Wirkung ➔

1   2   3

Tab. 2.2: Veränderung der Klimaindikatoren gruppiert nach klimainduzierten und gesundheits-relevanten Phänomenen: 3 zeigt eine starke für die Gesundheit nachteilige Änderung an, -1 steht für eine der Gesundheit förderlichen Entwicklung. Unsicherheit: Dunkles Grau steht für große Unsicherheit, weiß steht für geringe Unsicherheit.

Mit überaus hoher Wahrscheinlichkeit lässt sich – auch für Österreich – von einer Zunahme an Extremwetterereignissen ausgehen (APCC, 2014). Die Folgewirkungen des Klimawandels können sich regional stark unterscheiden und in ländlichen Regionen anders ausfallen als in städtischen Ballungsräumen. Zugleich kommt es durch die klimatischen Veränderungen zu Anpassungsprozessen in der Biosphäre, die mit einem verstärkten Auftreten von Allergenen, aber auch Veränderungen in der geografischen wie auch jahreszeitlichen Verbreitung von Krankheitserregern einhergehen.

Parallel zu diesem Klimaszenario laufen gesellschaftliche Veränderungsprozesse ab, deren Gesundheitsfolgen mit dem Klimawandel interagieren. Wie in fast allen fortgeschrittenen Industrienationen ist auch in Österreich ein demographischer Wandel zu beobachten, der zur graduellen Alterung der Bevölkerung führt. Da ältere Menschen tendenziell eher als gefährdet einzustufen sind, erhöht sich das aus dem Klimawandel resultierende Gesundheitsrisiko. Auf globaler Ebene ist mit einer weiteren Zunahme der Bevölkerung zu rechnen, welche den Klimawandel beschleunigt, zugleich ist aber auch ein Anwachsen der globalen Migrationsströme, insbesondere aus den stark vom Klimawandel betroffenen Regionen in die gemäßigteren Temperaturzonen, zu erwarten.

Vor dem Hintergrund ökonomischer Veränderungen, die sich stark auf Produktionsprozesse und den globalen Güteraustausch auswirken, hat der Klimawandel das Potenzial, bestehende Ungleichheiten zu verschärfen und neue Ungleichheiten zu erzeugen. Menschen am unteren Ende der Einkommensverteilung weisen sowohl im globalen als auch im nationalen Rahmen größere Vulnerabilität auf, die durch den Klimawandel noch verschärft wird. Sie werden den Großteil der ökonomischen Einbußen aufgrund reduzierten Wirtschaftswachstums zu schultern haben. Dieser Entwicklung gilt es entgegenzuwirken, indem die Rahmenbedingungen globalen Wirtschaftens nachhaltig gestaltet werden.

Kapitel 3: Auswirkungen des Klimawandels auf die Gesundheit

Kernbotschaften

Zu den wichtigsten Auswirkungen des Klimawandels in Österreich mit direkten Folgen für die Gesundheit zählt die Zunahme von Extremereignissen, darunter insbesondere Hitze. Neben akuten, kurzfristigen Folgen von Temperaturextremen ist schon ein moderater Temperaturanstieg mit einer erhöhten Sterblichkeitsrate verbunden. Insgesamt ist die Sterblichkeitsrate im Winterhalbjahr immer noch höher, was auch auf andere saisonale Faktoren (z. B. Influenza) zurückzuführen ist. Die positiven Auswirkungen des Klimawandels im Sinne einer Reduzierung der Kältesterblichkeit werden allerdings die nachteiligen Folgen vermehrter Hitzewellen nicht ausgleichen. Zudem besteht die Gefahr, dass Veränderungen in der Arktis und des Golfstromes längere und kältere Winter mit einer erhöhten Zahl an Kältetoten auch in Österreich mit sich bringen könnten. Mittel- und langfristig können sich Menschen an Temperaturverschiebungen anpassen, wobei der Adaptionsfähigkeit an extreme Temperaturen physiologische Grenzen gesetzt sind.

Hohe Umgebungstemperaturen, insbesondere in Verbindung mit hoher Luftfeuchte, sind mit deutlichen Gesundheitsrisiken verbunden. Ein Fokus zukünftiger Prävention – vor allem bei Hitzewellen – sollte auf besonders vulnerable Gruppen (ältere Menschen, Kinder, PatientInnen mit Herz-Kreislauf- und psychischen Erkrankungen sowie Personen mit eingeschränkter Mobilität) gelegt werden.

Andere klimaassoziierte Extremereignisse führen zu zahlenmäßig geringeren körperlichen Schäden. Allerdings ist vor allem durch die mit ihnen verbundenen materiellen Schäden eine Zunahme psychischer Traumata zu erwarten. Da es zu diesem Thema aktuell in Österreich noch keine Studien gibt, besteht Forschungsbedarf zu langfristigen psychischen Folgen des Klimawandels.

Luftschadstoffe lagen 2010 an 9. Stelle der weltweiten Ursachen für verlorene gesunde Lebensjahre. Im Jahr 2012 gingen in Österreich 40.000 bis 65.000 gesunde Lebensjahre durch Luftschadstoffe verloren. Klimaschutzmaßnahmen können unmittelbare positive Auswirkungen auf die Luftqualität haben, wenn bei der Planung dieser Maßnahmen darauf geachtet wird.

Der Klimawandel begünstigt durch Erwärmung und durch geänderte Niederschlagsmuster die Ansiedlung verschiedener Arthropoden wie Zecken und Mücken bzw. führt zu einer Ausdehnung ihrer Siedlungsgebiete. Eine Reihe von Arthropoden kann als Krankheitsüberträger (sogenannte Vektoren) fungieren. Dazu müssen die Krankheiten entweder bereits heimisch sein oder durch globalen Handel und Personenverkehr eingeschleppt werden und sich auch in Wirtsorganismen, das sind Menschen oder andere Warmblüter, etablieren. Krankheitsüberwachung und Monitoring der Vektorenpopulationen und möglicher Erregerreservoire verringern das Risiko großer epidemischer Ausbrüche.

Die Folgen des Klimawandels werden den Migrationsdruck in Zusammenspiel mit anderen Faktoren verstärken, worauf das Gesundheitssystem (Versorgung und Betreuung ankommender MigrantInnen und funktionierende Surveillance zur Vorbeugung der Ausbreitung von neuen und alten Infektionskrankheiten) vorbereitet sein muss. Daten der intensivierten Surveillance aus den Jahren 2015 und 2016 haben keine signifikante Zunahme von Infektionskrankheiten in der nativen Bevölkerung in Österreich gezeigt. Durch Tourismus, Handel etc. besteht auch unabhängig von Migration ein reger Personenverkehr, durch den die österreichischen Gesundheitsdienste jederzeit auf bisher unbekannte Infektionskrankheiten bzw. Änderungen in Resistenzmustern vorbereitet sein müssen.

3.1 Einleitung

Der Klimawandel kann die Gesundheit über Wirkungsketten gefährden, die auf primären, sekundären oder tertiären Effekten basieren (Butler & Harley, 2010; McMichael, 2013). Sogenannte primäre oder direkte Wirkungen beschreiben unmittelbare Auswirkungen von Wetterphänomenen, wie die „extremen" Wetterereignisse Hitze oder Kälte, Sturm oder Starkregen, auf die Gesundheit. Unter sogenannten indirekten oder sekundären Wirkungen versteht man Gesundheitsfolgen aufgrund von Änderungen in verschiedenen (natürlichen) Systemen, die ihrerseits wiederum (auch) vom Klimawandel beeinflusst sind. Diese umfassen Ökosysteme, in denen z. B. Tiere oder Pflanzen vermehrt Allergene bilden bzw. freisetzen oder als Überträger (Vektoren) von Krankheiten dienen. Aber auch Auswirkungen auf die Landwirtschaft (z. B. durch Dürre- oder Starkregenereignisse) und damit verbunden allfällige Folgen unsere Ernährung, die in gesundheitlichen Problemen resultieren können, sind indirekte Effekte. Ein anderes Beispiel ist die atmosphärische Chemie, welche in Abhängigkeit von Temperatur und Sonneneinstrahlung Einfluss auf die gesundheitsrelevante Wirkung von Luftschadstoffen wie Ozon oder Feinstaub hat. Klimaänderungen beeinflussen auch direkt die Vermehrung und Überlebensfähigkeit von Krankheitserregern in der Umwelt und haben so in weiterer Folge gesundheitliche Auswirkungen. Tertiäre Effekte sind klimawandelinduzierte Veränderungen in anderen Weltregionen, die durch Handel und Personenverkehr die Gesundheit in Österreich betreffen.

3.2 Direkte Wirkungen

Direkte Auswirkungen extremer Wetterereignisse gefährden unabhängig vom Klimawandel die Gesundheit der österreichischen Bevölkerung. Dabei sind Hitzewellen am bedeutendsten. Sie werden mit dem Klimawandel an Häufigkeit und Intensität weiter zunehmen. Derzeit werden jährlich schon mehrere hundert Todesfälle in Folge von Hitze und von Hitzewellen in Österreich beobachtet (Hutter u. a., 2007). Mit der steigenden Zahl älterer BewohnerInnen steigt auch die Vulnerabilität der Bevölkerung. Im Gegenzug lässt sich bereits jetzt eine Anpassung beobachten, welche sich in einer Verschiebung der „optimalen Temperatur", das ist die Tagesmitteltemperatur mit der geringsten Sterblichkeit, zeigt.

Der Zusammenhang zwischen extremen Wetterereignissen und extremen Temperaturen und dem Anstieg von Sterblichkeit und Erkrankungsrisiko ist weltweit durch ausführliche Studien belegt und ließ sich auch an österreichischen Daten zeigen (Haas u. a., 2015). Prognostische Unsicherheiten ergeben sich aus zwei Überlegungen: Einerseits sind klimatologische Voraussagen hinsichtlich Häufigkeit und Intensität von Extremereignissen unsicherer als hinsichtlich der Durchschnittswerte, vor allem wenn es um kleinräumige Phänomene geht, die gerade im stark strukturierten Alpenraum wichtig sind. Andererseits führen sowohl Alterung der Bevölkerung als auch die laufende Anpassung an sich langsam ändernde Umweltbedingungen dazu, dass eine einfache Extrapolation historischer Dosis-Wirkungsbeziehungen wie z. B. zum Zusammenhang zwischen Temperatur und Sterberisiko nicht möglich ist. Die Anpassung an den Klimawandel erfolgt auf verschiedenen Ebenen (wie physiologische Reaktionen, Selektion weniger empfindlicher Personen, Anpassung im individuellen Verhalten, in gesellschaftlichen Regeln und in der Infrastruktur) und mit unterschiedlicher Geschwindigkeit. Daher lässt sich nur ungefähr abschätzen, ab wann die Geschwindigkeit des Klimawandels die Anpassungsfähigkeit überfordert (Wang u. a., 2018).

Andere extreme Wetterereignisse, wie Starkregen mit nachfolgenden Überschwemmungen und Murenabgängen, Gewitter und Stürme, bedingen gegenwärtig und in näherer Zukunft nicht eine ähnlich hohe Zahl von Todesfällen wie die Hitze (Kreft u. a., 2016). Sie führen aber von materiellen Schäden am Eigentum bis hin zur Bedrohung der Existenz. Die langfristigen psychischen Folgen wiederholter materieller Verluste wurden in anderen Ländern untersucht und sind auch für Österreich plausibel. Mangels eigener Untersuchungen, welche dringend erforderlich wären, können diese Folgen aber für Österreich nicht quantifiziert werden.

3.3 Indirekte Wirkungen

Unter den indirekten Wirkungen stehen vor allem Infektionskrankheiten im medialen Interesse. Infektionserreger werden in ihrem Wachstumszyklus von der Temperatur beeinflusst. Das betrifft vor allem jene Erreger, die über Wasser oder Nahrungsmittel auf den Menschen übertragen werden. Einige Gliederfüßer (Arthropoden), z. B. bestimmte Insekten und Spinnentiere, sind wichtige Überträger (Vektoren) von Krankheiten. Deren Auftreten im Jahreslauf und deren geografische Verbreitung (z. B. Seehöhe) hängen stark von der Temperatur ab. Die Vektoren selber werden jedoch erst zum Problem, wenn auch die Krankheitserreger heimisch werden. So wurden in Mitteleuropa in den vergangenen Jahren bereits Sandmücken und Dermacentor-Zecken nachgewiesen, die ursprünglich nur im Mittelmeerraum heimisch waren und lebensgefährliche Krankheitserreger wie Leishmanien oder Rickettsien übertragen. Eine kontinuierliche Überwachung (der Vektoren und der Krankheiten, etwa durch serologische Kontrollen an Menschen und allenfalls auch tierischen Wirten) und auch eine regelmäßige Schulung der ÄrztInnen ist erforderlich.

Für die derzeitige Gesundheitslast bedeutender ist die Belastung durch Luftschadstoffe (Fitzmaurice u. a., 2017; Gakidou u. a., 2017), wobei der Einfluss des Klimawandels auf diese allerdings noch unsicher ist. So nimmt die Bildung von Ozon und von sekundären Partikeln unter heißen sommerlichen Bedingungen zu. Andererseits verhindern winterliche inneralpine Inversionswetterlagen den Luftaustausch und erhöhen somit die Konzentration lokal gebildeter Schadstoffe. Sowohl primäre als auch sekundäre Luftschadstoffe führen über vielfältige Mechanismen zu entzündlichen Veränderungen – primär an den Atemwegen, sekundär auch im gesamten Organismus –, zu vegetativen Reaktionen, zu oxidativem Stress und zu Zellschäden. Fast alle Organsysteme sind daher von Luftschadstoffen betroffen, wobei unter einer kurzfristigen Schadstoffepisode vor allem kranke oder anderweitig vorgeschädigte Personen leiden. Der Klimawandel wird die Verteilung und die Umwandlung von Luftschadstoffen beeinflussen, aber für die Luftqualität sind die primären Emissionen von Schadstoffen bedeutender. Dabei ist es wichtig zu berücksichtigen, dass Maßnahmen zum Klimaschutz auch lokal vorteilhafte Wirkungen entfalten können, indem die Emission von Luftschadstoffen reduziert wird. Darauf wird unter „Co-Benefits" in Kapitel 4 näher eingegangen.

Ein weiteres Beispiel indirekter Wirkungen ist der Einfluss des Klimas auf die Pflanzenwelt, wobei im Hinblick auf die menschliche Gesundheit das Auftreten neuer allergener Pollen sowie die räumliche und zeitliche Ausdehnung allergener Arten im Vordergrund stehen. Allenfalls führt Trockenstress oder auch Kohlendioxid-Düngung zusätzlich zu vermehrten Gesundheitsfolgen (durch erhöhte Expression pflanzlicher Allergene). Derzeit leiden ca. 25 % der ÖsterreicherInnen an Allergien (Statistik Austria, 2015). Teilweise leiden diese

Menschen sehr darunter, da es für die sich daraus ergebenden Krankheiten (vor allem Heuschnupfen und Asthma) keine sehr wirksame kausale Therapie gibt und eine Allergenvermeidung nicht praktikabel ist.

3.4 Klimafolgen in anderen Weltregionen mit Gesundheitsrelevanz für Österreich

Auch wenn die Bevölkerung im Alpenraum im Vergleich zu anderen Weltgegenden weniger stark vom Klimawandel betroffen sein wird, wird Österreich über wirtschaftliche, soziale und politische Prozesse dennoch mit Klimafolgen in anderen Weltregionen konfrontiert werden. Selbst Probleme in entfernteren Weltgegenden wirken sich angesichts der globalen Vernetzung der Weltwirtschaft auf Österreich aus. Der Klimawandel – im Zusammenspiel mit dem globalen Wandel – wird das österreichische Gesundheitssystem so vor neue und große Herausforderungen stellen.

Beim Warenverkehr stehen unter anderem Qualitätseinbußen bei importierten Lebensmitteln (z. B. zunehmende Belastung mit Aflatoxinen im Falle vermehrter Niederschläge in den Anbauregionen) im Vordergrund. Hinsichtlich des Personenverkehrs erweckten Migrations- und Flüchtlingsströme (darunter auch sogenannte „Klimaflüchtlinge" und Opfer von „Klimakriegen") (Bonnie & Tyler, 2009; UNHCR, 2018; Williams, 2008) in den letzten Jahren größeres mediales Interesse. Diese rezenten Flüchtlingsbewegungen führten einerseits in Österreich zu einer Zunahme von Asylanträgen oder ImmigrantInnen, andererseits stellten sie den österreichischen Gesundheitsdienst vor neue Herausforderungen. Die aktuellen Daten, die sich nicht unbedingt auf Klimaflüchtlinge beziehen, aber sehr wohl auch auf diese anwendbar sind, weisen nicht auf eine relevante Infektionsgefahr für die autochthone Bevölkerung hin. Vielmehr sollten die Betreuung und die Gesundheit der MigrantInnen im Mittelpunkt des Interesses stehen. Hier sind Infektionskrankheiten und ihre entsprechende Therapie und Prophylaxe (Impfstatus) zu beachten. Wichtiger sind aber wahrscheinlich psychische Traumata, die einerseits durch die Fluchtursachen, andererseits durch Erlebnisse während der Flucht ausgelöst wurden.

Auch wenn die Flüchtlingsbewegungen der rezenten Vergangenheit nicht oder nur zu einem geringen Teil dem Klimawandel geschuldet sind, geben sie doch einen Vorgeschmack auf die Folgen eines ungebremsten Klimawandels im globalen Maßstab (Bowles u. a., 2015; Butler, 2016). Aller Voraussicht nach werden diese Klimafolgen in anderen Weltregionen im „komplexen Muster überlappender Stressoren" (Werz & Hoffman, 2013) die größte Herausforderung für das Gesundheitssystem und auch die Politik insgesamt darstellen. Im Detail sind die Folgen aber nicht vorhersehbar, da zu viele unzureichend kontrollierbare oder einschätzbare Faktoren eine wichtige Rolle spielen. So sind die konkreten Auswirkungen vor allem von den politischen Entscheidungen auf verschiedenen Ebenen und in verschiedenen Weltregionen abhängig.

In einem *Worst-Case*-Szenario destabilisiert der Klimawandel im Zusammenspiel mit Misswirtschaft und politischem Unvermögen Gesundheitssysteme und staatliche Ordnungen in einzelnen weniger stabilen Staaten (Grecequet u. a., 2017; Schütte u. a., 2018). Dies kann primär zu regionalen Gesundheitsproblemen führen. Sofern es sich um Infektionskrankheiten handelt, insbesondere um Infektionen, für die es keine Prävention (Impfungen) oder Therapie (z. B. Antibiotikaresistenzen, zum Teil durch insuffiziente Therapie begünstigt) gibt, können sich daraus in weiterer Folge weltweite Pandemien entwickeln, die auch das österreichische Gesundheitssystem vor große Herausforderungen stellen würden. Globale von der WHO koordinierte Krankheitssurveillance und internationale Solidarität sind wichtige Pfeiler einer präventiven Gesundheitspolitik.

3.5 Gesundheitsfolgen der demographischen Entwicklungen

Der Anteil an Kindern und Jugendlichen (< 20 Jahre) an der Bevölkerung Österreichs ist gesunken; dem steht ein Anstieg der Bevölkerung im nicht-mehr-erwerbsfähigen Alter (> 65 Jahre) gegenüber. Ein Rückgang der Bevölkerung im Haupterwerbsalter (20–64 Jahre) wurde seit 2001 durch Zuwanderung verhindert. Man muss damit rechnen, dass im Jahr 2050 27 % der Bevölkerung älter als 65 Jahre sein werden (siehe Kap. 2.3.2). Ursachen für diese Veränderungen sind neben dem Geburtenrückgang auch eine steigende Lebenserwartung.

Diese demographische Veränderung stellt schon jetzt, aber zunehmend in Zukunft eine Herausforderung für Pensionssicherungsmodelle, Gesundheitssysteme und Betreuungssysteme dar. Die öffentlichen Ausgaben für Langzeitpflege im stationären Bereich sind in Österreich zwischen 2005 und 2015 bereits um 4,7 % angestiegen und betrugen 2013 bereits 1,2 % des BIPs (OECD, 2015).

Das Gesundheitssystem sieht sich einer doppelten demographischen Herausforderung gegenüber. Es muss sich an die durch Alterung steigende und sich ändernde Nachfrage anpassen, gleichzeitig nimmt das Arbeitskräfteangebot für Gesundheitsberufe eben durch diese Alterung ab. Die Leistungsfähigkeit des Gesundheitssystems, bleibt es in den Grundstrukturen gleich, kann daher langfristig nur durch Zuwanderung aufrechterhalten werden.

Kapitel 4: Maßnahmen mit Relevanz für Gesundheit und Klima

Kernbotschaften

Gesundheits- und Klimapolitik strukturell zu koppeln, ist eine wichtige Voraussetzung zum Schutz der Bevölkerung vor den negativen Auswirkungen des Klimawandels und ein Beitrag zur Umsetzung der „Gesundheitsziele Österreich" und der *Sustainable Development Goals*. Die Folgen des Klimawandels werden in der österreichischen Gesundheitspolitik kaum berücksichtigt. Die „Gesundheitsziele Österreich" bieten jedoch prinzipiell einen geeigneten Rahmen, um den politischen Herausforderungen, mit denen Österreich aufgrund klimatischer und demographischer Veränderungen konfrontiert ist, zu begegnen. Die Handlungsempfehlungen aus der österreichischen Klimaanpassungsstrategie und den bisher veröffentlichten Strategien der Bundesländer weisen vielfältige Bezüge zu Gesundheit auf. Sie behandeln neben baulichen und infrastrukturellen Maßnahmen schwerpunktmäßig den Ausbau von Monitoring- und Frühwarnsystemen und die Implementierung von Aktionsplänen insbesondere als Reaktion auf zunehmende Extremwetterereignisse, wie z. B. Hitzewellen.

Der Gesundheitssektor ist ein energieintensiver, sozioökonomisch bedeutender und wachsender Sektor, dessen Integration in Klimastrategien der Gesundheit der Bevölkerung und dem Klima gleichermaßen zu Gute kommt. Obwohl gesamtgesellschaftlich bedeutend und klimarelevant, wird der Gesundheitssektor in Klimaschutzstrategien bislang nicht berücksichtigt. Den vielversprechendsten Ansatzpunkt bietet die Integration von Maßnahmen, die der Gesundheit der Bevölkerung und dem Klimaschutz gleichermaßen nutzen und auf eine stärkere strategische Ausrichtung auf Prävention und Gesundheitsförderung abzielen.

Indirekte Emissionen der Krankenbehandlung können über eine effizientere Verwendung von Arzneimitteln und medizinischen Produkten gesenkt werden. Aus internationalen „*Carbon Footprint*"-Studien geht hervor, dass die indirekten Treibhausgasemissionen über den Einkauf von Arzneimitteln und Medizinprodukten den weitaus größten Anteil an den gesamten Treibhausgasemissionen des Sektors haben. Das erfordert Maßnahmen im Kern des Krankenbehandlungssystems: Effizienzsteigerung durch Vermeidung von Über- und Fehlversorgung mit Medikamenten, evidenzbasierte Information über Screenings und Behandlungsverfahren, stärkere Integration von Gesundheitsförderung und Gesundheitskompetenz im Krankenbehandlungssystem. Dazu braucht es Forschung, die Evidenz zu denjenigen Bereichen liefert, die die größten Effekte auf die Gesundheit und das Klima haben.

Eine regelmäßige Überprüfung der Überwachungs- und Frühwarnsysteme sowie der Hitzeschutzpläne hinsichtlich ihrer Effektivität und Treffsicherheit ist eine wichtige Voraussetzung dafür, die Bevölkerung vor negativen Folgen des Klimawandels zu schützen. Österreich hat eine Reihe an **Überwachungs- und Frühwarnsystemen implementiert**, die angesichts des Klimawandels an Bedeutung gewinnen werden. Ob und inwieweit diese bei veränderten klimatischen Bedingungen angepasst werden müssen, ist derzeit nicht untersucht. Das Ausweisen spezieller Risikogruppen und -regionen in Hinblick auf extreme Wetterereignisse wie Hitze, aber auch im Zusammenspiel mit Schadstoffbelastungen sowie veränderter Ausbreitung von Krankheitserregern und Vektoren kann die Effektivität des Schutzes erhöhen.

Erreichbarkeit, gezielte Unterstützung und Betreuung von Risikogruppen gelten als zentral für den Schutz menschlicher Gesundheit vor Extremereignissen, insbesondere vor intensiveren und längeren Hitzewellen. Bildungsferne Schichten, einkommensschwache Personen, alleinstehende, alte und chronisch kranke Menschen – darunter auch MigrantInnen – sind von den Folgen des Klimawandels besonders betroffen, aber oft schwer zu erreichen. Eine verstärkte Sensibilisierung der AkteurInnen im Gesundheits- und Sozialbereich für die Betroffenheit von Risikogruppen wird als dringlich erachtet. Es ist sicherzustellen, dass diese Gruppen im Anlassfall auch erreicht werden. Effektiv sind Maßnahmen, die die Gesundheitskompetenz dieser Risikogruppen gezielt stärken, etwa über angemessene Informationsangebote, darüber hinaus aber auch konkrete Unterstützungsangebote für die Betroffenen bieten. Dazu zählt intensivere Betreuung bei Hitzeperioden durch ÄrztInnen, Pflegekräfte und ehrenamtlich Betreuende. Das impliziert auch entsprechende Unterstützung für die Betreuenden selbst.

Gezielte Anpassungs- und Klimaschutzmaßnahmen im Gesundsheitswesen setzen die Integration des Themenfeldes „Klima und Gesundheit" in Aus-, Fort- und Weiterbildung voraus. Die Vermittlung der komplexen Zusammenhänge zwischen Klima, Gesundheit, Demographie und Gesundheitswesen sind sowohl für eine adäquate, professionelle Versorgung vulnerabler Bevölkerungsgruppen als auch für die Entwicklung von Klimaschutzmaßnahmen im Gesundheitssektor erforderlich. Das Potenzial von Vorsorge und Gesundheitskompetenz zum Schutz von Gesundheit, aber auch spezifisches Wissen zur Reduktion von Treibhausgasen gelten als wesentliche Ansatzpunkte. Die Aufnahme des Themas „Klima und Gesundheit" in die Aus-, Fort- und Weiterbildung sämtlicher Gesundheitsberufe (Medizin, Pflege, Krankenhausmanagement, Diätologie) würde eine wesentliche Verbesserung der Handlungsfähigkeit mit sich bringen. Ähnliches gilt für die Berücksichtigung des Themas in der forschungsnahen, universitären Lehre der Nachhaltigkeits-, Gesundheits- und Ernährungswissenschaften.

Um die negativen gesundheitlichen Auswirkungen des Klimawandels auf die Bevölkerung zu minimieren oder

weitestgehend zu vermeiden, sind Maßnahmen erforderlich, die über das Gesundheitswesen hinausgehen. Zusätzlich zu den Maßnahmen im Gesundheitswesen sind eine Reihe weiterer Sektoren gefordert, wichtige Beiträge zur Vermeidung negativer Folgen auf die Gesundheit zu leisten. Diese reichen von der Stadt- und Raumplanung, dem Bausektor, der Verkehrsinfrastruktur, über Tourismus bis hin zu einer entsprechenden Forschungsförderung. Nicht zuletzt gilt es, die Rolle und die Verantwortung globaler Konzerne, die die Gewinner gesundheits- und klimaschädlicher Entwicklungen sind, kritisch zu hinterfragen.

Gesundheitliche Zusatznutzen (*Co-Benefits*) von Klimaschutzmaßnahmen wirken relativ schnell, kommen der lokalen Bevölkerung direkt zu Gute, entlasten das öffentliche Budget und unterstützen damit das Erreichen von Klima- und Gesundheitszielen. Im Mittelpunkt der Empfehlungen stehen strukturelle Veränderungen, die klimafreundliche und gesundheitsförderliche Lebens- und Ernährungsstile begünstigen. Gesundheitliche „*Co-Benefits*" sind ein Argument, entschiedener in den Klimaschutz zu investieren. Die zentralen Ansatzpunkte sind:

- Ernährung: Konkrete Anreize weniger Fleisch, dafür mehr Obst und Gemüse, zu konsumieren, kommen der Gesundheit der Bevölkerung direkt zu Gute.
- Mobilität: Reduktion des motorisierten Verkehrs und strukturelle Unterstützung aktiver Bewegung wirken auch über verbesserte Luftqualität positiv auf die Gesundheit.
- Stadtplanung und Wohnen: Schaffung von urbanen Grünflächen und Umweltzonen zur Verbesserung der Luftqualität, Isolierung von Gebäuden sowie Fassaden- und Dachbegrünung, die sowohl für Klimaschutz als auch für Anpassung relevant sind.

4.1 Einleitung

Aus wissenschaftlicher Sicht ist unbestritten, dass die Folgen des Klimawandels für die menschliche Gesundheit überwiegend negativ ausfallen. Das Ausmaß der gesundheitlichen Auswirkungen für die Bevölkerung wird durch demographische Entwicklungen (Alterung sowie Migration) und durch sozioökonomische Ungleichheit wesentlich beeinflusst (Smith u. a., 2014; Watts u. a., 2015; Watts u. a., 2017) (siehe Kap. 2 und 3). Jene Nationen und Bevölkerungsgruppen, die zu den Hauptverursachern des Klimawandels zählen, werden sich am besten vor den negativen Klimafolgen schützen können. Damit sind reiche Länder wie Österreich nicht nur gefordert, die eigene Bevölkerung, insbesondere vulnerable Gruppen, vor den unausweichlichen Klimafolgen zu schützen, sondern auch einen entschiedenen Beitrag zum Klimaschutz zu leisten.

Kapitel 4 befasst sich mit Anpassungsmaßnahmen, die dazu beitragen, die österreichische Bevölkerung vor direkten und indirekten gesundheitlichen Folgen des Klimawandels zu schützen sowie mit Klimaschutzmaßnahmen, die gleichzeitig zur Verbesserung der Gesundheit beitragen. Gesundheitliche Zusatznutzen von Klimaschutzmaßnahmen (*Co-Benefits*) gelten für eine Transformation zu einer klimafreundlichen Gesellschaft als zentrale Ansatzpunkte.

4.2 Klimabezüge in Gesundheitspolitik und Gesundheitsstrategien

Negative gesundheitliche Folgen des Klimawandels sind weltweit und auch in Österreich bereits beobachtbar und werden in Zukunft verstärkt auftreten (Smith u. a., 2014; APCC, 2014; Watts u. a., 2017). Diese sind in der Bevölkerung ungleich verteilt. Damit entsteht auch für die österreichische Gesundheitspolitik Handlungsbedarf, Anpassungen an den Klimawandel im Bereich der Prävention und Versorgung insbesondere vulnerabler Bevölkerungsgruppen einzuleiten und Klimaschutzmaßnahmen im Gesundheitssystem zu initiieren.

Mit den „Gesundheitszielen Österreich" wurde ein relevanter gesundheitspolitischer Rahmen für Anpassungs- und Emissionsminderungsmaßnahmen geschaffen, der mit einer Zeitperspektive bis zum Jahr 2032 noch viel Entwicklungspotenzial für die Herausforderungen von Klimawandel, demographischer Entwicklung und Gesundheit bietet (BMGF, 2017e). Die tatsächliche Umsetzung der Gesundheitsziele wird aber wesentlich vom politischen und finanziellen Engagement des Bundes, der Bundesländer sowie der Gemeinden und Sozialversicherungsträger abhängen.

In Österreich haben sich die AkteurInnen des Gesundheitssystems und der Gesundheitspolitik mit dem Thema Klimawandel bislang nur wenig beschäftigt. In der bisherigen Auseinandersetzung wird, wenn überhaupt, hauptsächlich die Anpassung an die negativen Folgen des Klimawandels auf die Gesundheit behandelt. Der Beitrag des Gesundheitssystems zum Klimawandel ist weitgehend unberücksichtigt und hier besteht klarer Handlungsbedarf. Die Entwicklung einer Klimastrategie für das österreichische Gesundheitssystem wäre eine geeignete Maßnahme. Diese kann sowohl Antworten auf den notwendigen klimabezogenen Anpassungsbedarf geben, insbesondere vor dem Hintergrund der demographischen Entwicklung, als auch Maßnahmen des Gesundheitssystems zur Senkung der THG-Emissionen definieren.

Als strukturelle Maßnahme hat sich in anderen Ländern die Schaffung einer eigenen Koordinationsstelle für Nachhaltigkeit und Gesundheit bewährt (siehe die *Sustainable Development Unit* (SDU) in England), welche die langfristige Umsetzung einer zukünftigen Klimaschutzstrategie auch im österreichischen Gesundheitssystem auf Bundes- Landes- und

Gemeindeebene gewährleisten könnte. Eine solche Initiative kann auf den Maßnahmen des Gesundheitsziels 4 „Luft, Wasser, Boden und alle Lebensräume für künftige Generationen sichern" aufbauen (BMGF, 2017e).

Eine wesentliche Voraussetzung für die erfolgreiche Umsetzung von Klimaanpassungs- und Klimaschutzmaßnahmen im Gesundheitssystem ist die erfolgreiche Umsetzung politikfeldübergreifender Zusammenarbeit. Die WHO Europa betont in ihrem letzten Statusberichts zu Umwelt und Gesundheit in Europa (WHO Europe, 2017a), dass das Haupthindernis für eine erfolgreiche Umsetzung fehlende intersektorale Kooperation auf allen Ebenen ist. Dieser politikfeldübergreifende Zusammenhang wird durch die zentrale Rolle der Gesundheitsziele für die Umsetzung des SDG 3 „Gesundheit und Wohlergehen" in Österreich unterstrichen (BKA u.a., 2017). So weist das Bundeskanzleramt explizit darauf hin, dass die österreichischen Gesundheitsziele auch zur Erreichung einiger SDGs beitragen (BKA u.a., 2017, S. 15). Eine verstärkte Berücksichtigung von Synergien und Widersprüchen zwischen SDGs und Gesundheitszielen ist für die Umsetzung vorteilhaft. Ebenso erweitert eine wesentlich verstärkte über das Gesundheitsziel 4 hinausgehende Zusammenarbeit zwischen Gesundheitspolitik und Klimapolitik den Handlungsspielraum und kann die Effektivität von Maßnahmen erhöhen.

4.3 THG-Emissionen und Klimaschutzmaßnahmen des Gesundheitssektors

Der Gesundheitssektor ist ein sozioökonmisch bedeutender und wachsender Sektor, wird aber in Klimastrategien bislang noch nicht berücksichtigt. In Industrieländern weist der Gesundheitssektor einen hohen und wachsenden Anteil am BIP auf. Österreich liegt mit mehr als 10 % des BIP knapp über dem OECD Durchschnitt (OECD, 2017c).

Das Gesundheitssystem ist verantwortlich für die Wiederherstellung von Gesundheit, verursacht durch seinen Energieverbrauch und über den Konsum medizinischer Produkte selbst THG-Emissionen und trägt damit zum Klimawandel bei. Dies belastet wiederum die menschliche Gesundheit und führt zu einer Zunahme an Nachfrage von Gesundheitsleistungen. Das geschieht in einer Zeit, in der die öffentlichen Finanzierungsmöglichkeiten von Gesundheitsversorgung durch steigende Nachfrage auf Grund demographischer Entwicklungen und kostenintensiver medizinisch-technischer Fortschritte (European Commission, 2015; Kickbusch & Maag, 2006) bereits an ihre Grenzen stoßen. So appeliert auch die WHO an die AkteurInnen des Gesundheitswesens, sich am Kampf gegen den Klimawandel zu beteilgen (Neira, 2014) und betont die Vorbildrolle des Gesundheitssektors für

andere Sektoren (z.B. Gill & Stott, 2009; WHO & HCWH, 2009; McMichael u.a., 2009; WHO, 2012).

Bisher wurden drei „*Carbon Footprint*"-Studien nationaler Gesundheitssektoren veröffentlicht (USA, England, Australien), die die emprische Evidenz für die Klimarelevanz von Gesundheitssektoren in Industrieländern liefern (Brockway, 2009; SDU & SEI, 2009 und aktualisierte Versionen SDU & SEI, 2010, 2013; Chung & Meltzer, 2009; aktualisierte Version Eckelman & Sherman, 2016; Malik u.a., 2018). Diese bisher publizierten nationalen Carbon Footprint Studien zeigen, dass mit dem Wachstum des Sektors auch die THG-Emssionen kontinuierlich steigen. Die zahlenmäßigen Ergebnisse dieser Arbeiten sind auf Grund unterschiedlicher Berechnungsmethoden und Systemabgrenzungen nicht direkt vergleichbar, finden aber zu denselben Kernaussagen: 1. Die indirekten THG-Emissionen durch Vorleistungen in der Produktion der Produkte, die der Sektor bezieht, insbesondere die Produktion von Arzneimitteln, übersteigt die „vor Ort" entstehenden, direkten Emissionen bei weitem. 2. Krankenhäuser sind die größten Verursacher dieser Emissionen. 3. Ohne entsprechende Maßnahmen werden die THG-Emissionen mit dem Wachstum des Sektors weiterhin kontinuierlich ansteigen. Für Österreichs Gesundheitssektor ist zurzeit eine entsprechende Studie in Arbeit (Weisz u.a., 2018). Zwischenergebnisse weisen auf eine ähnliche Entwicklung hin.

Demnach muss der Fokus der Klimaschutzmaßnahmen von den direkten THG-Emissionen um die indirekten Emissionen (Vorleistungen) des Sektors erweitert werden. Konsequenterweise bedeutet dies, dass Klimaschutz im Gesundheitssektor nicht als randständiger und isolierter Aufgabenbereich organisiert werden kann, sondern im primären Leistungsbereich, der Krankenbehandlung, integrativ berücksichtigt werden muss, weil dort wesentliche klimarelevante Entscheidungen getroffen werden (Handlungsoption). Erst durch so eine integrative Herangehensweise, sowohl im Sinne der verbesserten Gesundheit als auch des Klimaschutzes, werden Prävention und Gesundheitsförderung und das Vermeiden inadäquater Krankenbehandlung wie Fehlbelegungen oder Über- und Fehlversorgung mit Medikamenten erfolgversprechende Ansatzpunkte (Handlungsoption).

Da jedoch Evidenz zu den Klima- und Umweltwirkungen des Gesundheitssektors sowie deren Rückwirkungen auf die Gesundheit kaum verfügbar ist, sind vertiefende empirische Analysen erforderlich, um das Ergebnis der Krankenbehandlung auch unter Berücksichtigung ökologischer Nebenwirkungen und den daraus resultierenden Gesundheitsfolgen betrachten zu können (Forschungsbedarf).

Aus- und Weiterbildung für Gesundheitsprofessionen zum Themenfeld „Klima und Gesundheit" ist nicht nur ein wichtiger Ansatz zur Vermeidung von klimawandelbedingten Folgen für die Gesundheit, sondern auch zur Entwicklung eines klimafreundlicheren Gesundheitssystems (Handlungsoption). Entsprechende Erweiterungen der Aus- und Weiterbildung sind auch eine wichtige Voraussetzung dafür, den Schutz vulnerabler Bevölkerungsgruppen in Hitzeperioden zu gewährleisten. Ähnliches gilt für die Berücksichtigung des

Themas in der forschungsnahen, universitären Lehre der Nachhaltigkeits-, Gesundheits- und Ernährungswissenschaften. Das Einbringen des Themas in die schulische Grundausbildung ist eine gute Möglichkeit, die Bevölkerung zu sensibilisieren und unterstützt damit die gesellschaftliche Handlungsfähigkeit.

Die zentrale Schlussfolgerung aus dieser Bewertung ist, dass ein nachhaltiges, klimafreundliches Gesundheitssystem durch einen Paradigmenwechsel des vorherrschenden, auf Krankenbehandlung fokussierten Systems hin zu einem präventionsorientierten und gesundheitsfördernden System, das die Effektivität der Gesundheitsleistungen erhöht und Fehlbelegungen, Über- und Fehlversorgung vermeidet, erreicht werden kann.

4.4 Anpassungsmaßnahmen an direkte und indirekte Einflüsse des Klimawandels auf die Gesundheit

In Strategien zur Anpassung an den Klimawandel wird das Thema Gesundheit in unterschiedlicher Tiefe aufgegriffen. In den bereits vorhandenen Länderstrategien könnten die gesundheitlichen Folgen verstärkt in die Maßnahmen integriert werden. Auf die Herausforderungen durch die demographische Entwicklung (z. B. Anstieg des Anteils der älteren Bevölkerung) wird ansatzweise eingegangen, wobei diese aber in den konkreten Handlungsempfehlungen nur wenig Berücksichtigung finden. Die Umsetzung der Maßnahmen könnte durch eine verstärkte disziplinen- und institutionenübergreifende Zusammenarbeit vorangetrieben werden. Dies gilt insbesondere, wenn Sektoren wie die Raum- und Stadtplanung, der Bausektor, das Naturgefahrenmanagement und der Katastrophenschutz inkludiert werden, weil hier sowohl Synergien mit großen Potenzialen nutzbar sind als auch nachteilige Folgen einer isolierten Betrachtung vermieden werden können.

Hitzeschutzpläne und Warndienste gewinnen zunehmend an Bedeutung, da mit einem weiteren Anstieg der Temperaturen und somit mit mehr Hitzewellen zu rechnen ist. Sie sind unerlässlich, um rechtzeitig Präventionsmaßnahmen zu ergreifen. Um Aussagen zur Effektivität bestehender Hitzeschutzpläne und -warndienste zu ermöglichen, müssen diese regelmäßig evaluiert werden. Bei Hitze bedürfen Risikogruppen, zu denen ältere, chronisch kranke und pflegebedürftige Menschen zählen, besonderer Aufmerksamkeit. Wird das Thema in die Aus- und Weiterbildung integriert und gibt es gezielte Unterstützung und Handlungsanleitungen sowohl für Pflegende als auch für die Betroffenen selbst, so steigert dies die Effektivität. Negative Auswirkungen von Hitze auf die Arbeitsproduktivität sind wissenschaftlich belegt. Vor allem Personen, die im Freien arbeiten, sind von Hitze besonders betroffen. Zum Schutz der ArbeitnehmerInnen sind hier gesetzliche Regelungen eine wichtige Handlungsoption.

Zu Klimawandel und Hitze in der Stadt liegen zahlreiche Forschungsarbeiten mit konkreten Maßnahmenempfehlungen vor. Die positiven Wirkungen auf Gesundheit durch mehr Grün in der Stadt sind belegt. Inwieweit dies in der Stadtplanung und Stadtentwicklung in Österreichs Städten berücksichtigt wird, ist nicht evaluiert. Hier besteht Forschungsbedarf.

Als Folge des Klimawandels muss neben Hitzeereignissen auch mit einer Zunahme von Häufigkeit und Intensität anderer gesundheitsrelevanter extremer Wetterereignisse, wie Dürre, Starkniederschlägen, Gewittern und Hochwasserereignissen, gerechnet werden (siehe 2.2). Überwachungs- und Frühwarnsysteme sind wesentlich, um die Gefährdung von Menschen und materielle Schäden zu verringern, bestenfalls zu vermeiden. Hinsichtlich der Entwicklung von Risikomanagement- und Anpassungsstrategien in alpinen Gemeinden, die mit Bevölkerungsrückgang und demographischer Alterung konfrontiert sind, besteht Forschungsbedarf.

Durch die klimawandelbedingte Verlängerung der Pollenflugsaison, eine höhere Pollenkonzentration und damit einhergehende stärkere Exposition steigen die Gefahr der Neusensibilisierung sowie die Belastung von bereits an Allergien leidenden Personen (dzt. ¼ der Personen in Österreich (Statistik Austria, 2015)). Speziell die Ambrosia-Pollen-Konzentration in der Luft könnte bis zum Jahr 2050 etwa 4-mal höher sein als heute (Hamaoui-Laguel u. a., 2015). Dieser Entwicklung kann nur durch eine konsequente Bekämpfung von stark allergenen Pflanzen entgegengewirkt werden (Karrer u. a., 2011). In der Stadtplanung kann durch die Auswahl geeigneter Baumarten und Sträucher im öffentlichen Raum die Pollenkonzentration allergologisch relevanter Arten maßgeblich reduziert werden (Brasseur u. a., 2017). Die Ausbreitung allergener Pflanzenarten steht zudem in komplexem Zusammenhang z. B. mit der Entwicklung der Luftschadstoffbelastung im urbanen Raum (Stickoxide, Feinstaub, Ozon etc.), was insbesondere pulmologische Erkrankungen (Heuschnupfen, Asthma, COPD) ansteigen lässt (D›Amato u. a., 2014). Erhöhte Schadstoffbelastung der Luft führt zu einer erhöhten allergenen Aggressivität der Pollen.

Es gibt stichhaltige Beweise, dass sich die Verletzungsmuster im Tourismus verschieben, vor allem durch die künstliche Beschneiung im Winter. Ob dies zu einer saisonalen Überlastung des Gesundheitssystems führt, ist unklar, da entsprechende Forschungen für Österreich fehlen. Für alpine Regionen eröffnet sich die Chance, gezielt Angebote zu entwickeln, die dazu beitragen, die gesundheitlichen Folgen des Klimawandels, insbesondere bei Hitzewellen, zu verringern.

4.5 Gesundheitliche Zusatznutzen von Klimaschutzmaßnahmen

Bestimmte Klimaschutzmaßnahmen zeigen kurzfristige und vor allem lokal wirksame positive Gesundheitseffekte. In der internationalen Literatur hat sich dazu seit den späten 2000er Jahren der Begriff *„health co-benefits of climate change mitigation"* etabliert (Ezzati & Lin, 2010; Haines u. a., 2009; Ganten u. a., 2010; Edenhofer u. a., 2013; Smith u. a., 2014; Gao u. a., 2018).

Auf Grund der Langfristigkeit und globalen Verteilungsmuster der Effekte von Klimaschutzmaßnahmen und des kurzen Planungshorizonts politischer EntscheidungsträgerInnen sind diese direkten und schnell wirkenden Effekte, die der lokalen Bevölkerung zu Gute kommen, von besonderer politischer Bedeutung (Haines u. a., 2009; Smith u. a., 2014; Watts u. a., 2015; Watts u. a., 2017). Neben dem gesundheitlichen Nutzen für die Bevökerung können *„health co-benefits"* die Kosten von Klimaschutzmaßnahmen durch eine Reduktion der Gesundheitsausgaben und durch Zuwächse der Arbeitsproduktivität (teilweise) kompensieren. Da derartige ökonomische Bewertungen noch weitgehend ausstehen, ist hier Forschungsbedarf gegeben.

Der Verkehrs- und der Ernährungssektor zählen global wie national zu den Hautverursachern von THG-Emissionen wie auch von lebensstilassoziierten Erkrankungen. Geringe körperliche Bewegung und westliche Ernährungsmuster sind besonders schädlich, wenn sie in Kombination auftreten. Diese zeigen sich neben der Anzahl an Übergewichtigen (OECD, 2017b) durch erhöhte Prävalenz von kardiovaskulären Erkrankungen, Typ 2 Diabetes und bestimmten Krebsarten und führen zu einer verfrühten Sterblichkeit (WHO & FAO, 2003; Lozano u. a., 2012).

Die Studien zu den *Co-Benefits* von Ernährungsänderungen zeigen, dass der Fleischkonsum sowohl aus Klima- als auch aus Gesundheitsperspektive eine Schlüsselrolle einnimmt und eine Reduktion der Fleischproduktion und des Fleischkonsums die größten Effekte für beide Bereiche haben. Weitgehend offen ist, wie eine entsprechende Ernährungsumstellung gelingen könnte. Hier ist Forschungsbedarf gegeben. Festzuhalten ist, dass es keinerlei Evidenz dazu gibt, dass „weiche Maßnahmen", wie sie seitens der Politik auch in Österreich bevorzugt werden, in der Lage sind, die aktuellen Ernährungstrends substanziell zu ändern. In der Literatur zeigt sich, dass Preissignale begleitet von gezielten Informationskampagnen und weiteren unterstützenden Maßnahmen, wie etwa Werbeverboten, vielversprechend sind, die derzeitigen Ernährungsmuster grundsätzlich zu beeinflussen (WHO, 2015b; Thow u. a., 2014) (Forschungsbedarf, Handlungsbedarf). Als wesentliche Barriere gilt hier, dass die Nahrungsmittelindustrie in der Regel gegen Preisanreize durch Steuern und für „weiche Maßnahmen" eintritt (Du u. a., 2018).

Aus den Studien zu den *Co-Benefits* bezüglich geänderten Mobilitätsverhaltens kann zusammenfassend festgestellt werden, dass eine Mobilitätsverlagerung weg von motorisiertem Individualverkehr hin zu aktiven Mobilitätsformen, wie Zufußgehen und Radfahren, *Co-Benefits* generiert, da aktive Mobilität den bestehenden Bewegungsmangel mit seinen assoziierten Folgeerkrankungen abbaut, die Luftqualität verbessert und THG-Emissionen reduziert. Dies konnte bereits für die drei größten Städte Österreichs gezeigt werden (Wolkinger u. a., 2018). Dabei sind strukturelle Maßnahmen, die aktive Mobilität „unwiderstehlich" zu machen, vielversprechend. Internationale Untersuchungen zeigen, wie eine Transition hin zu radfahrfreundlichen Städten erreicht werden kann (Alverti u. a., 2016; Dill u. a., 2014; Larsen, 2017; Mueller u. a., 2015; Mueller u. a., 2018)"page":"968819","source":"CrossRef","abstract":"The aim of this paper is to explore the concept of "smart" cities from the perspective of inclusive community participation and Geographical Information Systems (GIS.

Auch das Spezialthema Flugverkehr erfordert im Zusammenhang mit *Co-Benefits* Aufmerksamkeit, da die ausgestoßenen Schadstoffemissionen über ihre starke Klimawirksamkeit hinaus schädlich für die menschliche Gesundheit sind. Dies gilt insbesondere für Feinstaub, sekundäre Sulfate und sekundäre Nitrate. Gleichzeitig weist eine Reduktion zahlreiche Umsetzungsbarrieren auf, die auf einen erhöhten Forschungsbedarf hinsichtlich gangbarer Transformationspfade, vor allem im Hinblick auf die Akzeptanz in der Bevölkerung, hinweisen.

Kapitel 5: Zusammenschau und Schlussfolgerungen

5.1 Einleitung

Im abschließenden Kapitel wird der Kenntnisstand zu Gesundheit, Demographie und Klimawandel aus den vorangegangenen Kapiteln zusammengefasst. Daraus werden Schlussfolgerungen gezogen und Handlungsoptionen für Österreich formuliert.

Handlungsoptionen und Maßnahmen dieser Zusammenschau rücken insbesondere die Makro-Ebene der von der Politik initiierbaren Maßnahmen in den Mittelpunkt, da der Bericht auf Vorschläge für nachhaltige Transformationen auf gesamtgesellschaftlicher Ebene fokussiert. Um erfolgreich zu sein, werden jedoch die Dynamiken auf den anderen Ebenen berücksichtigt.

Zur besseren Einordnung der Dringlichkeit der verschiedensten gesundheitsrelevanten Entwicklungen wurde ein zweistufiges Bewertungsverfahren durchgeführt. Zunächst haben KlimatologInnen die Veränderungen der potenziell gesundheitsschädlichen Klimaindikatoren aufgrund ihres Kenntnisstandes abgeschätzt (siehe Tab. 2.1). Basierend auf dieser Einschätzung haben die ExpertInnen, die themenübergreifend an der Erstellung des Sachstandsberichtes mitgewirkt haben, drei Gruppen von Kriterien bewertend herangezogen: Betroffene (Anteil der Betroffenen in der Bevölkerung, soziale Differenzierung, demographische Differenzierung), gesundheitliche Auswirkungen (Mortalität, physische und psychische Morbidität) und Handlungsoptionen (individuell, Gesundheitssystem bzw. staatlich). Demnach erhalten die höchste Dringlichkeit jene Klimaphänomene, bei denen der kombinierte Effekt auftritt, dass ein relativ hoher Anteil der Bevölkerung (und dabei auch sehr vulnerable Gruppen) mit ernsthaften gesundheitlich Auswirkungen zu rechnen hat. Abstufungen ergeben sich durch die unterschiedlichen Einschätzungen in den Kriterien. Aus praktischen Gründen wurden einzelne verwandte meteorologische Parameter, bei denen ähnliche Einschätzungen zu erwarten waren, zu größeren Gruppen zusammengefasst. Diese kleine ExpertInnenerhebung ist als themenübergreifende und somit integrative Orientierungshilfe gedacht – eine strenge wissenschaftliche Analyse kann sie nicht ersetzen.

Die Einschätzungen ergaben eine klare Kategorisierung in drei Dringlichkeitsstufen, mit der die einzelnen Themen aufgegriffen werden sollten (Tab. 5.1): Hitze führt die Tabelle mit höchster Dringlichkeit an, gefolgt von Pollen und Luftschadstoffen gemeinsam mit den Extremereignissen Starkniederschläge, Dürre, Hochwasserereignisse und Massenbewegungen. Wenig Bedeutung wird hingegen den mit Kälte in Verbindung stehenden Ereignissen, Knappheiten von Wasser oder Lebensmitteln sowie den Krankheitserregern in Wasser und Lebensmitteln beigemessen. Diese Priorisierung ergibt sich aus der Kombination des Anteils der betroffenen Bevölkerung und des Ausmaßes des Gesundheitseffektes und – in geringerem Umfang – der Dimension der Veränderung der Klimaindikatoren (Zeithorizont 2050). Bemerkenswert ist die hohe Dringlichkeit, die der Gruppe „Luftschadstoffe" zugeschrieben wird, obwohl die Unsicherheiten bezüglich deren weiterer Entwicklung groß sind. Da der Sammelbegriff sowohl Ozon- (steigende Tendenz) als auch Feinstaubkonzentrationen (wegen wärmerer Winter fallende Tendenz) umfasst, ist die Interpretation schwierig. Die Ereignisse von denen ökonomisch benachteiligte Personen sowie Alte und Kranke besonders betroffen sind, fallen großteils ebenfalls in die höchste Priorität bzw. profitieren diese besonders bei den sich am Ende der Tabelle befindlichen Kälteereignissen. Eine gesundheitliche Auswirkung von Ernteausfällen ist in Österreich für Grundnahrungsmittel weniger wahrscheinlich.

Die Tabelle zeigt deutlich, dass auf der individuellen ebenso wie auf der staatlichen Ebene Handlungsoptionen gesehen werden – in der Regel mehr auf der staatlichen Ebene. Diese wurden hinsichtlich ihres Charakters nicht differenziert, d. h. es sind sowohl vorbeugende Maßnahmen als auch Kriseninterventionen und nachsorgende Schritte inkludiert. Nicht alle sind im Gesundheitswesen angesiedelt, wie das Beispiel des drohenden erhöhten Pestizideinsatzes in der Landwirtschaft zeigt. Nur in einem einzigen Fall werden dem Individuum mehr Handlungsoptionen als dem Staat zugetraut – bei der Vereisung.

Besondere Beachtung findet in den nachfolgenden Ausführungen die Tatsache, dass viele der aus Klimaschutzsicht wichtigen Maßnahmen positive „Nebenwirkungen" haben. Dies gilt insbesondere für die Gesundheit, weshalb die Handlungen selbst ohne Klimaeffekt empfehlenswert sind.

Tab. 5.1: Priorisierung von gesundheitsrelevanten klimainduzierten Phänomenen: Die Experteneinschätzung dieser Priorisierung kombiniert Veränderungen in den Klimaindikatoren, Betroffenheit sowie Gesundheitseffekte mit 3 als höchste und 0 als geringste Priorität. Je dunkler die einzelnen Einschätzungen eingefärbt sind, umso unsicherer sind diese. Spezielle Betroffenheit sozial schwacher Gruppen oder alter und kranker Personen ist mit +++ am stärksten ausgeprägt. Individuelle und staatliche Handlungsoptionen sind mit 3 am stärksten gegeben.

5.2 Gesundheitliche Folgen des Klimawandels

Hier erfolgt eine Zusammenschau der gesundheitlichen Klimafolgen, denen innerhalb der nächsten Jahrzehnte die größte Bedeutung zukommt.

5.2.1 Hitze in Städten

Kritische Entwicklungen

- Städte sind besonders sensitiv, weil der Temperaturanstieg aufgrund der hohen Bebauungsdichte, zusätzlicher Wärmequellen und des hohen Versiegelungsgrades (Hitzeinseln, hohe Wärmespeicherkapazität, mangelnde Grünflächen) besonders ausgeprägt ist (hohe Übereinstimmung, starke Beweislage[1]).
- Gleichzeitig erfolgt hier der größte Bevölkerungszuwachs (hohe Übereinstimmung, starke Beweislage).
- Ältere und Kranke in Städten sind im doppelten Sinn vulnerabel, weil sie gesundheitlich anfälliger und oft weniger vernetzt sind, wodurch erhöhter Pflegebedarf entsteht (hohe Übereinstimmung, mittlere Beweislage).
- Die höheren Luftschadstoffbelastungen in der Stadt verstärken nachteilige Gesundheitseffekte der Hitze (hohe Übereinstimmung, mittlere Beweislage).

Die Häufigkeitsverteilung der Tagesmaxima der Temperatur in den Sommermonaten in Österreich hat sich deutlich zu höheren Temperaturen verschoben. Bis Mitte dieses Jahrhunderts ist zu erwarten, dass sich die Länge von Hitzeepisoden (Perioden mit Tagesmaxima von zumindest 30 °C) verdoppelt; bis Ende des Jahrhunderts könnte im Extremfall eine Verzehnfachung der Zahl der Hitzetage auftreten (Chimani u. a., 2016). Verschärfend wirkt auch die geringer werdende nächtliche Abkühlung; Nächte mit Temperaturminima über 17 °C haben in Wien um 50 % zugenommen (Vergleich 1960–1991 mit 1981–2010) (hohe Übereinstimmung, starke Beweislage).

Gesundheitseffekte

Die Zahl der Todesfälle pro Tag steigt statistisch mit der Tagesmaximaltemperatur oberhalb von 20–25 °C. Menschen können sich an Temperaturverschiebungen längerfristig anpassen, wobei der Adaption physiologische Grenzen gesetzt sind. Wegen der reduzierten Abkühlung in den Nachtstunden leidet auch die Erholungsfähigkeit. In der Hitzeperiode im August 2003 starben in 12 europäischen Ländern innerhalb von 14 Tagen um fast 40.000 Menschen mehr als im langjährigen Durchschnitt zu dieser Jahreszeit. Die Studie „*Cost of Inaction*" (Steininger u. a., 2015) hat aufgezeigt, dass unter der Annahme eines moderaten Klimawandels und mittlerer sozioökonomischer Entwicklung um 2030 in Österreich mit 400 hitzebedingten Todesfällen pro Jahr, Mitte des Jahrhunderts mit 1.060 Fällen pro Jahr zu rechnen ist, wobei der überwiegende Teil in Städten auftreten wird. Ökonomisch schwächere Schichten und MigrantInnen sind oft aufgrund ihrer Wohnsituation in dichter verbauten Stadtteilen mit weniger Grün, schlechterer Bausubstanz und Einschränkung der nächtlichen Durchlüftung wegen des Verkehrslärms stärker betroffen (hohe Übereinstimmung, mittlere Beweislage).

Hitzestress führt allgemein zur Beeinträchtigung der Lebensqualität, zu reduzierter Konzentrations- und Leistungsfähigkeit bis hin zur Belastung des Herz-Kreislauf-Systems, der Atemwege und im Extremfall zum Tod (hohe Übereinstimmung, starke Beweislage).

Handlungsoptionen

1. Es besteht ein beträchtlicher Anpassungsbedarf in stadtplanerischer Hinsicht und bei Gebäuden: Durchlüftungsschneisen, Grünraum wie Parks, Alleen, begrünte Fassaden oder Dächer (WHO Europe, 2017d; Bowler u. a., 2010; Hartig u. a., 2014; Lee & Maheswaran, 2011). Der Zugang zu urbanem Grünraum verringert das Mortalitätsrisiko durch Herz-Kreislauf-Erkrankungen statistisch signifikant (Gascon u. a., 2016). Urbaner Grünraum und offene Wasserflächen haben auch einen positiven Effekt auf die Luftqualität und können dazu beitragen, die Mortalität durch Luftverschmutzung zu reduzieren (Liu & Shen, 2014) (hohe Übereinstimmung, starke Beweislage).
2. Die österreichische Klimawandelanpassungsstrategie sieht umfassende stadtplanerische, bauliche und Verhaltensvorsorgemaßnahmen vor. Beispiele sind etwa Hitzeschutzpläne und Nachbarschaftshilfe während Hitzeepisoden (siehe auch Kap. 5.3). Zu beachten ist, dass Klimaanpassungsmaßnahmen nicht Klimaschutzmaßnahmen konterkarieren, wie etwa mit fossiler Energie betriebene Klimaanlagen, die nicht nur den Treibhausgasausstoß erhöhen, sondern auch parallel zur Abkühlung der Innenräume die Außenräume, d. h. die Stadt, erwärmen (hohe Übereinstimmung, mittlere Beweislage).
3. Die Reduktion der Kältetoten durch den Klimawandel kann die Zunahme der Hitzetoten nicht kompensieren (hohe Übereinstimmung, mittlere Beweislage). Es besteht das Risiko, dass in Österreich, bedingt durch Veränderungen in der Arktis und des Golfstromes, auch längere und kältere Winter auftreten könnten; dann könnte die Zahl der Kältetoten sogar zunehmen sowie die Luftqualität

---

1   Dieser Report arbeitet in Anlehnung an den IPCC mit einem zweidimensionalen Schema zum Umgang mit Unsicherheiten. Hohe/mittlere/niedrige Übereinstimmung gibt an, inwieweit die wissenschaftliche Community sich über einen Sachverhalt einig ist. Starke/mittlere/schwache Beweislage gibt an, wie belastbar die vorliegende Evidenz im Hinblick auf den Sachverhalt ist (d. h. Informationen aus Theorie, Beobachtungen oder Modellen, die angeben, ob eine Annahme oder Behauptung gültig ist).

durch den erhöhten Heizbedarf schlechter werden und der Ausstoß von CO_2 Emissionen steigen (Zhang u.a., 2016) (mittlere Übereinstimmung, schwache Beweislage).

5.2.2 Weitere extreme Wetterereignisse und ihre gesundheitlichen Folgen

Kritische Entwicklungen

Obwohl die statistische Absicherung des Zusammenhangs beobachteter Veränderungen mit dem Klimawandel nach streng wissenschaftlichen Kriterien bisher erst in wenigen Fällen, wie etwa Hitzeperioden, gelingt, lassen doch physikalische Überlegungen intensivere und ergiebigere Niederschläge, länger andauernde Trockenheit oder heftigere Stürme im Zuge des Klimawandels erwarten (mittlere Übereinstimmung, mittlere Beweislage). Wie die COIN Studie (Steininger u.a., 2015) zeigte, schlagen Schäden durch Extremereignisse schon jetzt in Österreich wirtschaftlich spürbar zu Buche, Tendenz stark steigend.

Gesundheitseffekte

Extreme Wetterereignisse können beträchtliche gesundheitliche Folgen haben, die von Erkrankungen über psychische Traumata bis zu Todesfällen reichen. Zu den direkten Auswirkungen extremer Wetterereignisse zählen Verletzungen durch herunterfallende, verblasene oder weggespülte Gegenstände (z.B. Dachziegel, Fensterscheiben). Indirekte (sekundäre) Auswirkungen sind z.B. bakterielle Infektionen durch mangelnde Wasserqualität nach Hochwässern. Zudem können intensive Niederschläge und Hochwässer, insbesondere auch bei Bodenverdichtung durch schwere Agrarmaschinen, die Pfützenbildung fördern und damit Habitatmöglichkeiten für Insekten und andere Krankheitsvektoren schaffen und so das Risiko von Infektionskrankheiten erhöhen. Tertiäre Folgen umfassen z.B. Auswirkungen von Migration auf das Gesundheitssystem, ausgelöst durch Extremereignisse in anderen Teilen der Welt. Die Folgen der (klimabedingten) Migration von Menschen auf die Gesundheit in Österreich sind angesichts des hohen Standards des österreichischen Gesundheitssystems derzeit kein ernstes Problem.

Zusammenfassend kann festgehalten werden, dass gesundheitliche Folgen extremer Wetterereignisse von der Exposition, d.h. Frequenz, Ausmaß und Andauer der Änderung, der Anzahl der den Ereignissen ausgesetzten Menschen und deren Sensitivität, abhängen. Extremwetterereignisse sind schlagzeilenwirksam und wirtschaftlich von besonderer Bedeutung (siehe COIN-Studie), aber die Zahl der exponierten Menschen ist – sieht man von extremen Temperaturereig-

nissen ab – verhältnismäßig klein, sodass die direkten gesundheitlichen Auswirkungen extremer Wettererscheinungen in Österreich relativ gering sind (hohe Übereinstimmung, mittlere Beweislage). Trotzdem können Extremereignisse Verletzungen oder Todesfälle und durch existenzbedrohende materielle Schäden posttraumatische Belastungsstörungen verursachen.

Handlungsoptionen

1. Integrale Ereignisdokumentation: Die Aufzeichnungen der unterschiedlichen AkteurInnen sind qualitativ weitgehend auf hohem Niveau und teilweise bereits auf Internetportalen verfügbar (Matulla & Kromp-Kolb, 2015). Die Vereinheitlichung und Zusammenführung dieser Informationen in einer Datenbank nach internationalen Vorbildern (siehe StartClim Projekt SNORRE; Matulla & Kromp-Kolb, 2015)) würde die Analyse und die Erarbeitung maßgeschneiderter Maßnahmen erleichtern (hohe Übereinstimmung, mittlere Beweislage).

2. Stärkung der Eigenvorsorge: Ein Risikomanagement, das auf ein Zusammenspiel zwischen öffentlichen und privaten Akteuren setzt, könnte Schäden und gesundheitliche Folgen noch weiter reduzieren. Nach der Einschätzung von Fachleuten befindet sich ein Großteil der Bevölkerung Österreichs auf der ersten von fünf Stufen der Risikovorsorge (Abb. 5.1): Absichtslosigkeit. Eigenvorsorge erfordert Fortschritte in Richtung der Absichtsbildung bis hin zum aktiven Schutzverhalten (Vorbereitung und aufwärts) (Rohland u.a., 2016).

   Mögliche Ansatzpunkte zur Stärkung der Eigenvorsorge sind die Aufnahme in schulische Lehrpläne, gezielt eingesetzte Informationen (Veranstaltungen und Broschüren), Beratungsdienste und Anreize zum vorbeugenden Katastrophenschutz, wie etwa technische und finanzielle Unterstützung sowie reduzierte Versicherungsprämien für gut vorbereitete Haushalte.

3. Differenzierter Umgang mit Personengruppen im Katastrophenfall: Mehr Berücksichtigung der unterschiedlichen Bedürfnisse und Potenziale verschiedener Personengruppen im Katastrophenfall wird von Damyanovic u.a. (2014)

Abb. 5.1: Spiralförmige Darstellung des Transtheoretischen Modells (TTM) (Rohland u.a., 2016)

gefordert. So sind ältere Personen vulnerabel, verfügen aber gleichzeitig über Erfahrungen, die für ein effektives Katastrophenmanagement wertvoll sind. Sozial wenig vernetzte Personen brauchen besondere Aufmerksamkeit. Hinzu kommen etwaige geschlechterspezifische, oft komplementäre Unterschiede in der Perspektive auf Katastrophen. Die Beteiligung unterschiedlichster, gut gemischter Gruppen an der Erstellung von Krisenschutzplänen, insbesondere auf Gemeindeebene, stellt sicher, dass sowohl deren Bedürfnisse berücksichtigt als auch deren Potenziale für einen effektiven Umgang mit Katastrophen genutzt werden (mittlere Übereinstimmung, mittlere Beweislage).

5.2.3 Vermehrtes Auftreten von Infektionserkrankungen durch Klimaerwärmung

Kritische Entwicklungen

Der Klimawandel (insbesondere die Klimaerwärmung) wirkt auch auf Erreger und Überträger von Infektionskrankheiten und steigert damit die Wahrscheinlichkeit, dass bestimmte Infektionserkrankungen in Österreich auftreten (APCC, 2014; Haas u. a., 2015; Hutter u. a., 2017) (siehe Addendum: Vektorübertragende Erkrankungen). Diese reichen von Viruserkrankungen bedingt durch regional neu auftretende Insekten, bakterielle Infektionen durch abnehmende Lebensmittel- und Wasserqualität bis zu Wundinfektionen. Das Auftreten dieser Infektionskrankheiten wird von komplexen Zusammenhängen mitgestaltet, die vom globalisierten Verkehr, vom temperaturabhängigen Verhalten der Menschen, Niederschlagsbedingungen bis zur Überlebensrate von Infektionserregern je nach Wassertemperatur reichen (hohe Übereinstimmung, mittlere Beweislage).

Gesundheitseffekte

Der Klimawandel wird in Europa das Vorkommen von Stechmücken als Überträger („Vektoren") von Krankheiten beeinflussen (ECDC, 2010), denn vor allem durch den globalisierten Handel und den Reiseverkehr nach Europa und auch Österreich (Becker u. a., 2011; Dawson u. a., 2017; Romi & Majori, 2008; Schaffner u. a., 2013) eingeschleppte subtropische und tropische Stechmückenarten (vor allem der Aedes-Gattung: Tigermücke, Buschmücke etc.) haben künftig hier bessere Überlebenschancen. Die Erweiterung ihrer Ausbreitungsgebiete, insbesondere an den Nord- und Höhengrenzen, wird erwartet (Focks u. a., 1995). Für einige unserer heimischen Stechmückenarten konnte gezeigt werden, dass sie bisher in Österreich nicht aufgetretene Infektionskrankheiten, wie West-Nil-Virus oder Usutu-Virus, übertragen können

(Cadar u. a., 2017; Wodak u. a., 2011). Zudem wurde die verstärkte Ausbreitung von Sandmücken und Dermacentor-Zecken („Buntzecken") als potenzielle Überträger von mehreren Infektionserkrankungen (Leishmanien, FSME-Virus, Krim-Kongo-Hämorrhagisches-Fieber-Virus, Rickettsien, Babesien etc.) beobachtet (Duscher u. a., 2013; Duscher u. a., 2016; Obwaller u. a., 2016; Poeppl u. a., 2013) (siehe Kap. 3.2.1).

Die Bedeutung aller Stechmücken als Krankheitsüberträger hängt stark von lokalen Wetterfaktoren (z. B. Feuchtigkeit) ab. Die Zusammenhänge sind aber noch nicht ausreichend erforscht, um endgültige Aussagen treffen zu können (Thomas, 2016) (siehe Addendum: Vektorübertragende Erkrankungen).

Weiters könnte es bei fortschreitender Erwärmung zu einer Zunahme der Lebensmittelerkrankungen (z. B. *Campylobacter*- und Salmonellen-Infektionen, Kontaminationen mit Schimmelpilztoxinen) beim Menschen kommen (Miraglia u. a., 2009; Seidel u. a., 2016; Versteirt u. a., 2012), aber die hohen nationalen Lebensmittelproduktionsstandards, insbesondere funktionierende Kühlketten, lassen in naher Zukunft keine wesentlichen Auswirkungen auf die Inzidenz dieser Erkrankungen in Österreich erwarten (hohe Übereinstimmung, mittlere Beweislage) (siehe Kap. 3.2.5 Lebensmittel).

Handlungsoptionen

Es können derzeit folgende zentrale Ansatzpunkte für Anpassungsmaßnahmen mit diesen Gesundheitsrisiken identifiziert werden:

1. Beobachtung der Vektoren und neuer Infektionserkrankungen: Ein internationales Beobachtungsnetz für Vektoren ermöglicht frühzeitige Informationen über Veränderungen des geografischen Vorkommens, insbesondere von Stechmücken, Sandmücken und Zecken. In Österreich bestehen Beobachtungssysteme für 44 Stechmückenarten und des West-Nil-Fiebers (AGES, 2018b). Forschungsbedarf besteht in Hinblick auf die Prognosen zur möglichen Arealvergrößerung der potenziellen Überträger. Die wesentlichen klimawandelbezogen neu auftretenden Infektionserkrankungen wurden bereits in den Katalog der anzeigepflichtigen Erkrankungen (BMGF, 2017a) aufgenommen und unterliegen damit einer genauen Beobachtung. Eine diesbezügliche Überprüfung und ggf. Adaptierung des Lebensmittelmonitorings in Österreich durch die AGES (BMGF, 2017g) könnte einen weiteren Beitrag zur Lebensmittelsicherheit leisten.

2. Bekämpfung der Vektoren: Die ECDC (2017) hält in einem aktuellen Literaturbericht mit Fokus auf die relevantesten Stechmückenarten fest, dass noch nicht ausreichend Evidenz für bestmögliche Bekämpfungsmaßnahmen vorliegt und empfiehlt Evaluierung, Publikation und Wissensaustausch zu Bekämpfungsmaßnahmen sowie die Information der Bevölkerung. Insbesondere ist eine möglichst gezielte auf gefährliche Arten ausgerichtete Bekämp-

fung wichtig, um nicht durch die Vernichtung von ungefährlichen Insekten (z.B. Zuckmücken) die Nahrungsgrundlage von Amphibien und anderen Tieren zu gefährden (hohe Übereinstimmung, mittlere Beweislage). Die AGES bietet der Bevölkerung bereits einen Informationsfolder zur Bekämpfung von Stechmücken im Wohngebiet ohne den ökologisch riskanten Einsatz von Giften an (AGES, 2015).

3. Bekämpfung der Infektionserkrankungen: Zentral für die rechtzeitige Bekämpfung der Infektionserkrankungen ist die Früherkennung und damit die Sensibilität der Gesundheitsberufe und auch der Bevölkerung. Die wesentlichen klimabezogenen Infektionserkrankungen sind medizinisch gut behandelbar und bisher in Österreich selten aufgetreten (hohe Übereinstimmung, starke Beweislage). Da erste Symptome der Erkrankungen von der Bevölkerung und den ÄrztInnen in der Primärversorgung oft nicht richtig zugeordnet werden, kann der gezielte Kompetenzaufbau bei den Gesundheitsdiensten (fachlich) und der Bevölkerung (Gesundheitskompetenz) durch die AGES und andere einen wesentlichen Beitrag leisten. Die Berücksichtigung von Fragen der Früherkennung klimawandelbedingter Infektionserkrankungen in der Grundausbildung der Gesundheitsberufe kann ebenfalls einen wichtigen Beitrag leisten (siehe Kap. 5.3.3). Als zuständige Institution obliegt es der AGES, die Prozesse und Strukturen der Früherkennung (inkl. Labordiagnostik) und angemessene Reaktionen auf Ausbrüche regelmäßig zu überprüfen und ggf. zu adaptieren. Hier kann die in der Zielsteuerung Gesundheit (Zielsteuerung-Gesundheit, 2017) beschlossene Neuausrichtung des öffentlichen Gesundheitsdienstes unterstützend wirken (Einrichtung überregionaler Expertenpools für neue Infektionserkrankungen).

4. Im Bereich der Lebensmittel kann ein adaptiertes Lebensmittelmonitoring zur klimawandelbezogenen Überprüfung und ggf. Adaptierung der Leitlinien für gute landwirtschaftliche und hygienische Praktiken ein Beitrag zum Gesundheitsschutz sein. Auch hier können die AGES bzw. das für Landwirtschaft zuständige Ministerium Schritte setzen. Zu berücksichtigen ist, dass der Einsatz von Desinfektionsmitteln negative Auswirkungen auf Umwelt und Mensch hat und häufig, insbesondere in Haushalten, unnötig ist (siehe Stadt Wien, 2009).

5.2.4 Ausbreitung allergener und giftiger Arten

Kritische Entwicklungen

Der Klimawandel, globalisierter Handels- und Reiseverkehr und veränderte Landnutzung führen zur Ausbreitung bisher nicht in Europa heimischer Pflanzen- und Tierarten, die diverse Folgen für die Bevölkerungsgesundheit haben (Frank u.a., 2017; Schindler u.a., 2015). Im Besonderen wird die Ausbreitung allergener Pflanzenarten, allen voran von *Ambrosia* (Traubenkraut, Ragweed), beobachtet (Lake u.a., 2017). Für Europa wird eine wesentliche Zunahme der Pollenbelastung durch *Ambrosia* prognostiziert, die durch komplexe Klimaverschiebungen (erhöhte Luftfeuchte, „Düngewirkung" durch CO_2 und Stickoxide, frühere Blüh- und Bestäubungsphasen durch die Erwärmung und Ausdehnung der Pollensaison; Wirkung von Ozon) verstärkt wird (Frank u.a., 2017; Hamaoui-Laguel u.a., 2015). Der deutsche Sachstandsbericht zu Klima und Gesundheit geht darüber hinaus von sechs weiteren neuen Pflanzenarten mit sicher gesundheitsgefährdendem Potenzial aus (Eis u.a., 2010) (siehe Kap. 3.2.2 und 3.2.3).

Zudem führen klimabedingt verlängerte Vegetationsperioden zu höherer und längerer Pollenbelastung. Vor allem in urbanen Gebieten hat die Konzentration an Pollen in der Luft zugenommen. Untersuchungen der täglichen Pollenkonzentration von verschiedenen allergenen Pflanzen in den USA während der letzten zwei Jahrzehnte belegen einen stetigen Anstieg der Pollenmengen und eine Ausdehnung der Pollensaison (Zhang u.a., 2015) (hohe Übereinstimmung, starke Beweislage).

Gesundheitseffekte

Die Ausbreitung allergener Pflanzenarten hat voraussichtlich weitreichende Folgen für die Bevölkerungsgesundheit. Sie lassen im komplexen Zusammenspiel mit Luftschadstoffen im urbanen Raum (Stickoxide, Feinstaub, Ozon etc.) insbesondere pulmologische Erkrankungen ansteigen (Heuschnupfen, Asthma, COPD) (D'Amato u.a., 2014). Erhöhte Schadstoffbelastung der Luft führt zu einer erhöhten allergenen Aggressivität der Pollen. Allergische Erkrankungen sind in Europa bereits häufig und nehmen weiter in ihrer Häufigkeit und Schwere zu. Man schätzt, dass in 10 Jahren 50 % der EuropäerInnen betroffen sein könnten (Frank u.a., 2017). Die Ragweedpollenallergie war 2009 in Österreich noch nicht so häufig wie in den östlichen Nachbarländern, die von Ragweed sehr stark betroffen sind. Die Sensibilisierungsrate auf Ragweedpollen unter den AllergikerInnen betrug im Jahr 2009 in Ostösterreich etwa 11 % (Hemmer u.a., 2010).

Unter extrem gewählten Klimaszenarien und ohne entsprechende Anpassungsmaßnahmen wird für 2050 eine wesentlich höhere gesundheitliche Belastung der Bevölkerung errechnet. Durch konsequente Bekämpfung von stark allergenen Pflanzen können erhebliche Therapiekosten eingespart werden. So wurden die gesundheitlichen Folgen der Ausbreitung von *Ambrosia* unter Annahme unterschiedlicher Klimaszenarien für Österreich und Bayern simuliert und hohe daraus entstehende Behandlungskosten für Allergien angenommen (Richter u.a., 2013) (hohe Übereinstimmung, mittlere Beweislage).

Handlungsoptionen

1. Bundesweites Monitoring: Der Aufbau eines bundesweiten Monitorings zur Erfassung der räumlich-zeitlichen Ausbreitung von *Ambrosia* und weiterer invasiver allergener Arten sowie eines entsprechenden Warndienstes für die Bevölkerung ist nicht abgeschlossen und kann einen wesentlichen Beitrag zur Abfederung gesundheitlicher Auswirkungen auf die Bevölkerung leisten (hohe Übereinstimmung, mittlere Beweislage).

2. Evaluierung von Maßnahmen: Die österreichische Strategie zur Anpassung an den Klimawandel (BMLFUW, 2017b) sieht Maßnahmen zur Bekämpfung vorhandener Populationen allergener Arten vor, inklusive der Schaffung einer Koordinierungsstelle unter Einbindung relevanter AkteurInnen und der Gemeinden. Durch gezielte Bekämpfungsmaßnahmen (z. B. Mähen oder Jäten vor der Samenbildung bei *Ambrosia*) und eine systematische Melde- und Bekämpfungspflicht von *Ambrosia* wurde in einigen europäischen Staaten eine wesentliche Reduktion der Bestände erreicht (Ambrosia, 2018). Eine rechtliche Verankerung der Bekämpfungsmaßnahmen kann nach neuerlicher Prüfung der Evidenz für Österreich in Abstimmung zwischen Bund und Bundesländern/Gemeinden und unter Einbeziehung der Landwirtschaftskammern und der Naturschutzbehörden die Bekämpfung von *Ambrosia* in Österreich wesentlich unterstützen.

3. Information: Derzeit bietet die AGES und der ÖWAV eine Bevölkerungsinformation zu *Ambrosia* mit Bekämpfungsmaßnahmen an (AGES, 2018a; ÖWAV, 2018), doch könnte eine wesentlich aktivere Öffentlichkeits- und Informationsarbeit zur Schaffung von entsprechendem Problembewusstsein bei Bevölkerung und landwirtschaftlichen Akteuren (z. B. Vogelfutterhersteller) die Wirksamkeit wesentlich erhöhen (mittlere Übereinstimmung, mittlere Beweislage).

4. Forschungsbedarf: Der Wissensstand über Ausbreitung und Auswirkungen allergener Pflanzenarten ist für Österreich gering und auf wenige Arten fokussiert, sodass insbesondere über wenig erforschte Arten, aber auch über geeignetes Management der Gesundheitsrisiken großer Forschungsbedarf besteht (BMLFUW, 2017b; Schindler u. a., 2015).

5.3 Sozioökonomische und demographische Einflussfaktoren auf die gesundheitlichen Auswirkungen des Klimawandels

5.3.1 Demographische Entwicklung und (klimainduzierte) Migration

Kritische Entwicklungen

Die Bevölkerung Österreichs wächst und altert bei einem schrumpfenden Anteil der Bevölkerung im Erwerbsalter, aber einem konstanten Anteil von Kindern und Jugendlichen. Die Auswirkungen der Alterung werden durch die Zuwanderung, insbesondere im jungen Erwachsenenalter, abgeschwächt. Österreichs Bevölkerung wächst hauptsächlich in den urbanen Regionen, während periphere Bezirke bildungs- und arbeitsplatzbedingte Bevölkerungsrückgänge bei gleichzeitig stärkerer Alterung verzeichnen (siehe Kap. 2.3.1) (hohe Übereinstimmung, starke Beweislage).

Internationale Zuwanderung könnte den Mangel an Arbeitskräften und BeitragszahlerInnen bei entsprechenden Integrationsbemühungen ausgleichen. Aufgrund der politischen Sensibilität des Themas ist die Zuwanderung die unsicherste Komponente des zukünftigen Bevölkerungswandels. Langfristig nimmt die Hauptvariante der Bevölkerungsprognose der Statistik Austria (2017a) einen jährlichen Wanderungssaldo von etwa 27.000 (Zeitraum 2036–2040) an. Stärkstes Wachstum ist für Wien prognostiziert, die Bundeshauptstadt wird dadurch künftig die jüngste Bevölkerung aller Bundesländer aufweisen (hohe Übereinstimmung, hohe Beweislage).

Österreich ist, wie andere west- und mitteleuropäische Länder, von klimabedingter Migration – wenn auch in geringem Umfang – hauptsächlich als potenzielles Zielland betroffen (Millock, 2015). Klimabedingte Migration ist aber bisher in seinen komplexen Zusammenhängen noch zu wenig wissenschaftlich erforscht bzw. zu widersprüchlich diskutiert, um verlässliche Prognosen für die Entwicklung in bestimmten Regionen erstellen zu können (Grecequet u. a., 2017; Schütte u. a., 2018; Black, Bennett u. a., 2011).

Im Zuge der Alterung der Bevölkerung wird auch in Österreich mit einem Anstieg der Inzidenz an chronischen Erkrankungen, wie Demenz, Atemwegserkrankungen, Herz-Kreislauf-Erkrankungen und Malignomen mit all ihren Folgeerscheinungen, gerechnet. Beachtenswert ist der relativ hohe Anteil psychischer Erkrankungen im hohen Alter: Über die Hälfte der psychischen Erkrankungen treten in der Altersgruppe der über 60-Jährigen auf (HVB & GKK Salzburg, 2011).

Gesundheitseffekte

Ältere Bevölkerungsgruppen: Insbesondere der hohe Anteil von Herz-Kreislauf-Erkrankungen, Diabetes und psychischen Erkrankungen bei über 60-Jährigen macht diese für die Folgen des Klimawandels, vor allem Hitze, besonders vulnerabel (Becker & Stewart, 2011; Bouchama u. a., 2007; Hajat u. a., 2017; Haas u. a., 2014; Hutter u. a., 2007). Durch häufigere Extremwetterereignisse ist in Zukunft mit einer Zunahme der psychischen Belastung für die ältere Bevölkerung zu rechnen (Clayton u. a., 2017).

Bevölkerungsgruppen mit Migrationshintergrund: Die gesundheitlichen Auswirkungen des Klimawandels stehen in engem Zusammenhang mit der Verknappung anderer sozioökonomischer Ressourcen, wie Mangel an Bildung, finanziellen Mitteln, verschiedenen strukturellen, rechtlichen und kulturellen Barrieren, eingeschränktem Zugang zur lokalen Gesundheitsinfrastruktur, Wohnverhältnissen etc. Besonders geflüchtete Menschen haben als Folge der entbehrungsreichen Flucht und den damit verbundenen physischen und psychischen Belastungen eine hohe Vulnerabilität (Anzenberger u. a., 2015). Das gesundheitliche Risiko der Übertragungen von eingeschleppten Krankheiten ist hingegen auch bei engem Kontakt sehr gering (Beermann u. a., 2015; Razum u. a., 2008).

Handlungsoptionen

Insbesondere der Anstieg des Anteils der älteren Bevölkerung in Kombination mit dem hohen Anteil an chronischen, somatischen und psychischen Erkrankungen dieser Gruppe machen Anpassungsmaßnahmen prioritär. Hier kann auf bereits bestehende Maßnahmen zur Adressierung der Versorgungsdefizite dieser Gruppe aufgebaut werden (BMGF, 2017c; Juraszovich u. a., 2015). Folgende Handlungsoptionen bieten sich an:

1. Gezielte Maßnahmen zur Stärkung der Gesundheitskompetenz für die besonders vulnerablen und wachsenden Zielgruppen (ältere Menschen, Personen mit Migrationshintergrund) (BMGF, 2017b; BMLFUW, 2017f) (siehe Kap. 5.3.3); insbesondere auch Nutzung von Multikulturalität im Personalmanagement der Gesundheitseinrichtungen (Diversitätsmanagement) und von transkultureller Medizin und Pflege (hohe Übereinstimmung, mittlere Beweislage)
2. Zielgruppenspezifische Prävention, Gesundheitsförderung und Behandlung im Bereich der psychischen Gesundheit bzw. Erkrankungen, vor allem für ältere Menschen und für Menschen mit Migrationshintergrund (Weigl & Gaiswinkler, 2016)
3. Zielgruppenspezifische Weiterentwicklung der Lebensbedingungen der hier identifizierten Hauptzielgruppen in Hinblick auf die gesundheitlichen Auswirkungen des Klimawandels. Entwicklung eines *„Health (and Climate) in*

all Policies"-Ansatzes (BMGF, 2017b; WHO, 2015a; Wismar & Martin-Moreno, 2014) (siehe Kap. 5.5.2)
4. Forschung in Hinblick auf den Zusammenhang zwischen demographischer Entwicklung (insbesondere Alterung, Migration, Urbanisierung, sozioökonomischer Status) einerseits und Gesundheit und Klimafolgen andererseits zur zielgruppenspezifischen und regionalen Handlungsmöglichkeit bezüglich Gesundheitssystem und Lebensbedingungen im ländlichen und städtischen Raum (Steininger u. a., 2015)
5. Forschung bezüglich der (positiven) Wirkung von „nachhaltigem" Lebensstil (naturnah, sozial abgesichert, weniger stark wettbewerbsorientiert, mehr solidarisch, sozial und ökologisch engagiert) auf die psychosoziale Gesundheit und zugleich auf den Klimaschutz (geringe Übereinstimmung, mittlere Beweislage)

5.3.2 Unterschiedliche Vulnerabilität und Chancengerechtigkeit bei klimainduzierten Gesundheitsfolgen

Kritische Entwicklungen

Morbidität, Mortalität, Lebenserwartung und -zufriedenheit unterscheiden sich nach biologischen und sozioökonomischen Kenngrößen und repräsentieren gesundheitliche Ungleichheiten in der Gesellschaft (BMGF, 2017b). Durch klimaassoziierte Veränderungen werden diese Ungleichheiten vielfach verstärkt. Die biologische Anpassungsfähigkeit an Belastungen durch den Klimawandel ist bei Kindern (hier vor allem Säuglinge und Kleinkinder), älteren (und vor allem sehr alten) Menschen und chronisch kranken bzw. gesundheitlich beeinträchtigten Menschen weit geringer. Zudem sind die Arbeits- und Wohnsituation für die direkte klimabedingte Exposition von Menschen entscheidend (z. B. Schwerarbeit im Freien auf Baustellen und in der Landwirtschaft, keine wohnortnahen Grünräume in Städten, Wohnungsüberbelegung, Obdachlosigkeit). Verstärkt werden die Ungleichheiten in den Vulnerabilitäten gegenüber Klimaveränderungen besonders durch sozioökonomische Faktoren, wie Armutsgefährdung, geringe Bildung, Arbeitslosigkeit und Migrationshintergrund (siehe Kap. 5.3.1) (hohe Übereinstimmung, mittlere Beweislage).

Laut EU-SILC (*European Community Statistics on Income and Living Conditions*) sind 14 Prozent der in Österreich lebenden Menschen als armuts- und ausgrenzungsgefährdet einzustufen. Ein deutlich erhöhtes Risiko der Armutsgefährdung haben kinderreiche Familien, Ein-Eltern-Haushalte, MigrantInnen, Frauen im Pensionsalter, arbeitslose Menschen sowie Hilfsarbeiter und Personen mit geringer Bildung. Sozioökonomische Ungleichheit führt bereits jetzt zu Unterschieden in der Gesundheit: PflichtschulabsolventInnen haben in Österreich eine um 6,2 Jahre niedrigere Lebenserwartung als AkademikerInnen (Till-Tentschert u. a., 2011).

Sowohl die Vereinten Nationen (Habtezion, 2013) als auch das Europäische Parlament (European Parliament, 2017) verweisen auf eine besondere Vulnerabilität von Frauen für die Folgen des Klimawandels, da vor allem Katastrophen und Flucht Frauen in besonderer Weise treffen.

Gesundheitseffekte

Es ist also davon auszugehen, dass bestimmte Bevölkerungsgruppen einer Kombination von mehreren Faktoren ausgesetzt sind, die ihre Chancen für einen adäquaten Umgang mit den (gesundheitlichen) Klimafolgen wesentlich reduzieren. Entsprechend zeigte sich bereits in der Vergangenheit bei klimabedingten Belastungen, wie Hitze und Naturkatastrophen, eine besondere Betroffenheit von benachteiligten Gruppen – oft verstärkt, wenn dies mit anderen Vulnerabilitäten (z. B. Alter) einhergeht (hohe Übereinstimmung, mittlere Beweislage). So war bei der Hitzewelle in Wien im Jahr 2003 die Sterblichkeit in den einkommensschwachen Bezirken besonders hoch (Moshammer u. a., 2009).

Gesundheitliche Klimafolgen wurden bisher allerdings kaum unter dem Gesichtspunkt sozialer Ungleichheit erforscht (siehe z. B. Haas u. a., 2014). Auch der (deutschsprachige) Diskurs zu gesundheitlicher Chancengerechtigkeit im Kontext von „Health in all Policies" wird bisher wenig in Bezug auf Klimafolgen geführt (BMGF, 2017c; FGÖ, 2016; Kongress „Armut und Gesundheit", 2017).

Während die ungleichen Chancen in den (gesundheitlichen) Folgen des Klimawandels auf einer globalen Ebene als zentraler Faktor erkannt wurden (Islam & Winkel, 2017; WHO Europe, 2010a, 2010b) und die vielfältigen Abhängigkeiten zwischen sozioökonomischem Status, Gesundheit und Klima auch im Rahmen der Nachhaltigen Entwicklungsziele (SDG) konzeptuell Berücksichtigung finden (Prüss-Üstün u. a., 2016), sind diese bisher in Österreich in der strategischen und politischen Diskussion zur Klimaanpassung konzeptuell zu wenig berücksichtigt (siehe z. B. BMLFUW, 2017b).

Handlungsoptionen

Steigende Ungerechtigkeit und ihre gesundheitlichen Folgen in den OECD-Staaten (Mackenbach u.a., 2008; OECD, 2017a)Johan P. et al. 2008; OECD 2017a erfordern Priorität für sorgfältige Analysen, Entwicklungsprognosen und Aktionsprogramme für gesundheitliche Chancengerechtigkeit in Österreich. Der Nutzen für den Arbeitsmarkt, die Wirtschaftsentwicklung und das Wohlbefinden der Bevölkerung wird generell hoch eingeschätzt (Mackenbach u. a., 2007; Mackenbach u. a., 2011; OECD, 2017a). International liegen evidenzbasierte Maßnahmenvorschläge für die Erreichung gesundheitlicher Chancengerechtigkeit vor (WHO, 2008)xOy4.

Der geringe Forschungsstand sowie der fehlende politische Diskurs zur gesundheitlichen Chancengerechtigkeit bei zunehmenden Klimafolgen in Österreich verweist deutlich auf das Manko politikfeldübergreifender Zusammenarbeit in Wissenschaft, öffentlicher Verwaltung und Politik (WHO Europe 2010a; WHO, 2014) (siehe Kap. 5.5.2). Die vielfältige Abhängigkeit von Bevölkerungsgesundheit, Chancengerechtigkeit und nachhaltiger gesellschaftlicher Entwicklung wird im Rahmen der SDGs gesehen (Prüss-Üstün u. a., 2016). Konkret verweist der letzte Bericht des BKA (BKA u. a., 2017) zur Umsetzung der SDGs in Österreich nicht nur im Bereich Gesundheit (SDG 3), sondern auch im Bereich Bildung (SDG 4) auf Chancengerechtigkeit als zentrales Ziel für eine nachhaltige Gesellschaft.

Handlungsoptionen zur Reduktion von Unterschieden in der Vulnerabilität der Bevölkerung gegenüber gesundheitlichen Folgen des Klimawandels werden daher sowohl aufbauend auf den Gesundheitszielen Österreich als auch im Forschungsbereich gesehen. Neben dem Gesundheitsziel 2 „Gesundheitliche Chancengerechtigkeit" sprechen auch die Gesundheitsziele 1 „Gesundheitsförderliche Lebens- und Arbeitsbedingungen", 3 „Gesundheitskompetenz" und 4 „Lebensräume" (BMGF, 2017b, 2017d, 2017e) jeweils Aspekte von gesundheitlicher Chancengerechtigkeit an.

1. Aufbauend auf den Maßnahmen des Gesundheitsziels 2 „Gesundheitliche Chancengerechtigkeit" (BMGF, 2017c), insbesondere im Bereich der Armutsbekämpfung, kann die Entwicklung gezielter Fördermaßnahmen im Bereich der Arbeits- und Lebenswelten verschärfende Klimaaspekte integrieren (BMGF, 2017b) (siehe Kap. 5.3.3). Die Implementierung einer Koordinierungs- und Austauschplattform im Sinne einer „community of practice" (siehe auch erste Erfahrungen Österreich: Partizipation, 2018) kann das praktische Lernen bei diesen Umsetzungsmaßnahmen unterstützen (mittlere Übereinstimmung, schwache Beweislage).

2. Die politikfeldübergreifende Zusammenarbeit in Bezug auf Chancengerechtigkeit kann im Rahmen der Entwicklung der SDGs in Österreich durch intensivierte Zusammenarbeit auf Ebene der öffentlichen Verwaltung, der Politik und der anderen gesellschaftlichen Sektoren (Wirtschaft, Zivilgesellschaft) durch eine bundesweit koordinierte Zusammenarbeit auf Bundes-, Landes- und Gemeindeebene (z. B. durch das BKA) gefördert werden (siehe Kap. 5.5.2).

3. Der besonderen Vulnerabilität von Frauen und Mädchen kann durch die Berücksichtigung von genderbezogenen Analysen der Klimafolgen, verstärkte Beteiligung von Frauen und Gendergerechtigkeit in den Entscheidungsprozessen zu Anpassungsstrategien begegnet werden (European Parliament, 2017).

4. Interdisziplinäre Forschungsvorhaben zu gesundheitlicher Chancengerechtigkeit im Lichte des Klimawandels sind zentral (hohe Übereinstimmung, schwache Beweislage). Forschungsförderungen durch den Klima- und Energiefonds, durch andere Forschungsfördereinrichtungen,

durch Bundesministerien und Bundesländer könnten dazu beitragen, wesentliche Einsichten für gezielte Maßnahmen zum Ausgleich von gesundheitlicher Ungleichheit vielfach benachteiligter Bevölkerungsgruppen und besonders betroffener Regionen zu generieren.

5.3.3 Gesundheitskompetenz und Bildung

Kritische Entwicklungen

Eine hohe persönliche Gesundheitskompetenz trägt dazu bei, Fragen der körperlichen und psychischen Gesundheit besser zu verstehen und gute gesundheitsrelevante Entscheidungen zu treffen (Parker, 2009). Geringe Gesundheitskompetenz hat für die betroffenen Personen eine Reihe negativer Auswirkungen auf die Gesundheit, z.B. geringere Therapietreue, spätere Diagnosen, schlechtere Selbstmanagementfähigkeiten und höhere Risiken für chronische Erkrankungen (Berkman u.a., 2011). Mangelnde Gesundheitskompetenz verursacht hohe Kosten im Gesundheitssystem (Eichler u.a., 2009; Haun u.a., 2015; Palumbo, 2017; Vandenbosch u.a., 2016; Vernon u.a., 2007).

Österreich weist laut einer repräsentativen Umfrage im internationalen Vergleich starken Nachholbedarf auf (HLS-EU-Consortium, 2012): 18 Prozent der Befragten hatten eine inadäquate, 38 Prozent eine problematische Gesundheitskompetenz. In Hinblick auf Chancengerechtigkeit ist begrenzte Gesundheitskompetenz in Österreich ein besonderes Problem, weil Menschen mit schlechtem Gesundheitszustand (86 %), wenig Geld (78 %) und im Alter über 76 Jahren (73 %) begrenzte Gesundheitskompetenz haben (Pelikan, 2015). Die eingeschränkte Gesundheitskompetenz ist jedoch nicht auf mangelnde kognitive Fähigkeiten auf der Personenebene zurückzuführen (NVS-UK; Rowlands u.a., 2013), sondern auf der Systemebene zu sehen. Daraus folgt auch für den klimawandelbedingten Anpassungsbedarf eine Priorisierung von Maßnahmen auf Systemebene (mittlere Übereinstimmung, mittlere Beweislage).

Gesundheitseffekte

Bildungsferne Schichten, einkommensschwache Personen, alleinstehende, alte Menschen – darunter auch MigrantInnen – gelten als von den Folgen des Klimawandels besonders betroffen, sind aber oft schwer mit Informationsangeboten zu erreichen (siehe Kap. 4.1) (hohe Übereinstimmung, mittlere Beweislage).

Auf die problematische Situation der Gesundheitskompetenz in Österreich wurde von staatlicher Seite in mehrfacher Weise reagiert und die Weiterentwicklung der Gesundheitskompetenz der österreichischen Bevölkerung wurde auch als Aufgabe der Gesundheitsreform „Zielsteuerung Gesundheit" erkannt (Zielsteuerung-Gesundheit, 2017) und als Umsetzungsdrehscheibe die Österreichische Plattform Gesundheitskompetenz (ÖPGK) eingerichtet. Damit sind im Rahmen des Gesundheitssystems wesentliche strategische Voraussetzungen geschaffen worden, um den gesundheitlichen Herausforderungen des Klimawandels zu begegnen. In den vorliegenden Dokumenten zur Gesundheitskompetenz werden aber bisher keinerlei explizite Bezüge zu gesundheitlichen Folgen des Klimawandels hergestellt.

Auch die Österreichische Strategie zur Anpassung an den Klimawandel (BMLFUW, 2017b) verweist in ihrem Aktionsplan wiederholt auf die Notwendigkeit von Bildungsmaßnahmen und koordinierten Informationskampagnen, insbesondere in Bezug auf Gesundheit. Die Bereitstellung entsprechender Finanzmittel und mehr Wertschätzung für die Bewusstseinsbildung (Gesundheitskompetenz) und das Erkennen des langfristigen Nutzens dieser Maßnahmen werden gefordert. Direkte Kooperationen im Rahmen der Gesundheitskompetenzmaßnahmen des Gesundheitssystems sind jedoch bisher nicht erfolgt. Derzeit sind in der ÖPGK neben den Institutionen des Gesundheitssystems auf Bundesebene die Ressorts für Bildung, Jugend, Soziales und Sport vertreten, aber nicht das Nachhaltigkeitsressort.

Handlungsoptionen

Die Stärkung der Gesundheitskompetenz der Bevölkerung ist als eine der wesentlichsten und effektivsten Anpassungsstrategien an die gesundheitlichen Folgen des Klimawandels zu sehen. Es ist anzunehmen, dass Informationsangebote, die nicht zielgruppenspezifisch und motivierend ausgerichtet sind, wenig Wirkung zeigen bzw. nicht die besonders betroffenen Bevölkerungsgruppen erreichen (Uhl u.a., 2017). Damit ergeben sich folgende Handlungsoptionen zur Stärkung der Gesundheitskompetenz der Bevölkerung:

1. Intersektoralen Zusammenarbeit von Gesundheits- und Klimazuständigen stärken (Bund und Länder), insbesondere im Rahmen der ÖPGK zur Finanzierung und Entwicklung klimabezogener Gesundheitskompetenz der Bevölkerung (hohe Übereinstimmung, mittlere Beweislage).

2. Informationskampagnen der Gesundheitsförderung und Prävention initiieren, die klimarelevantes Gesundheitsverhalten und -verhältnisse unterstützen, insbesondere zu aktiver Mobilität (z.B. körperliche Aktivitäten wie Radfahren und Zufußgehen im Alltag), gesunder Ernährung und Naherholung im Grünen. Förderliche Rahmenbedingungen durch Kommunen, Arbeitgeber, Pflege- und Sozialeinrichtungen, Schulen etc. unterstützen dieses Bemühen. Der personenbezogene Ansatz braucht unterstützende Rahmenbedingungen (z.B. Radwege, Essensangebot in Großküchen), um effektiv zu sein (hohe Übereinstimmung, mittlere Beweislage). Gesundheitliche *Co-Benefits* von Klimaschutz- und Anpassungsstrategien bieten hier vielversprechende Möglichkeiten (Sauerborn u.a., 2009).

3. Systematische Vermittlung von klimaspezifischem Gesundheitswissen an Gesundheitsfachkräfte in der Aus- und Fortbildung (siehe Kap. 4.3), da diese sowohl gesundheitliche Belastungen Einzelner und von Gruppen erkennen als auch individualisiert informieren können (siehe Kap. 5.2.3). Zudem können sie ggf. verhältnisbezogene Gesundheitsförderungs- und Präventionsmaßnahmen im lokalen Umfeld, z.B. in Kooperation mit den Kommunen initiieren. Schließlich ist die Sensibilisierung der Gesundheitsfachkräfte erforderlich, um die THG-Emissionen der Krankenbehandlung zu reduzieren (z.B. Vermeidung unnötiger Diagnostik oder Therapien) (siehe Kap. 4.2 und 5.4.4) (hohe Übereinstimmung, schwache Beweislage). Hier sind medizinische Universitäten, Fachhochschulen und Ärztekammern angesprochen. Problematisch ist dabei der sehr hohe Anteil der Pharmaindustrie an der Finanzierung der ärztlichen Fortbildung in Österreich (Hintringer u. a., 2015), der eine interessensunabhängige Fortbildung zur Vermeidung unnötiger Diagnostik und Therapie kaum möglich macht.

4. Systematische Entwicklung von Gesundheitsinformationssystemen, die von wirtschaftlichen Interessen unabhängig sind. Diese sind am effizientesten durch bestehende bundesweite Informationsangebote, z.B. der AGES oder des öffentlichen Gesundheitsportals (Gesundheit.gv.at, 2018), umsetzbar und können auf Standards der „Guten Gesundheitsinformation Österreich" (ÖPGK & BMGF, 2017) der ÖPGK zurückgreifen.

5. Persönliche Gespräche bzw. Beratung sind für eine Vermittlung von klimaschonendem Gesundheitsverhalten zentral (z.B. aktive Mobilität und gesunde Ernährung). Hier sind insbesondere die Gesundheitsfachkräfte, allen voran ÄrztInnen als „GesundheitsfürsprecherInnen" gefragt (Frank, 2005). Maßnahmen zur Verbesserung der Gesprächsqualität in der Krankenbehandlung (Aus-, Weiter- und Fortbildung) können um den Klimaaspekt erweitert werden (BMGF, 2016b; Gallé u. a., 2017; Nowak u. a., 2016).

6. Die Entwicklung des organisationalen und finanziellen Rahmens („organisationale Gesundheitskompetenz") (Abrams u. a., 2014; Brach u. a., 2012; Pelikan, 2017) ist eine notwendige Voraussetzung, um zielgruppenspezifische Informationsangebote umzusetzen. Die Realisierung in Jugendzentren und der offenen Jugendarbeit zeigt beispielhaft, wie ein zielgruppenspezifischer Zugang realisiert werden kann (Wieczorek u. a., 2017).

7. Gezielte Bildungsmaßnahmen im Schulsystem (Lehrpläne und Lehrpraxis), um Kindern und Jugendlichen einen Zugang zu klima- und gesundheitsrelevantem Verstehen und Handeln zu vermitteln (BMLFUW, 2017b). Dies ist von langfristiger Bedeutung für die Gesundheitskompetenz künftiger Generationen (McDaid, 2016), für Chancengerechtigkeit und für die gesellschaftliche Anpassungsfähigkeit an den Klimawandel. Aufbauend auf der Entwicklung von „Umweltkompetenz" in Österreich (Eder & Hofmann, 2012) oder *Environmental Literacy*

(Scholz, 2011) Programmen im Schulwesen der USA (ELTF, 2015) wäre die enge Verschränkung von Umwelt-, Klima- und Gesundheitskompetenzen hier ein nächster Schritt.

8. Bildungsferne Schichten, einkommensschwache Personen, alleinstehende, alte Menschen – darunter auch MigrantInnen – und Menschen mit Behinderungen gelten als von Klimawandelfolgen besonders betroffen, benötigen aber angemessene Informationsangebote zur Förderung ihrer Gesundheitskompetenz. Die (transkulturelle) Sensibilisierung der AkteurInnen im Gesundheits- und Sozialbereich für diese Risikogruppen ist wichtig, um sie im Anlassfall auch zu erreichen (spezifische Kommunikationskompetenzen und -werkzeuge) (GeKo-Wien, 2018) (hohe Übereinstimmung, mittlere Beweislage).

9. Forschung zu den Informationsbedürfnissen und zu optimalen Informationsmedien der besonders betroffenen Bevölkerungsgruppen sowie regelmäßige Evaluation bestehender Angebote (z.B. gesundheitliche und meteorologische Warnsysteme), auch hinsichtlich des sich ändernden Informationssuchverhaltens der Bevölkerung (z.B. neue Medien oder Mehrsprachigkeit), um diese auch effektiv zu erreichen (mittlere Übereinstimmung, mittlere Beweislage).

5.4 Gemeinsame Handlungsfelder für Gesundheit und Klimaschutz

In den hier vorgestellten Handlungsfeldern können bedeutende Vorteile gleichzeitig für Gesundheit und Klima generiert werden. Die dazugehörigen Handlungsoptionen adressieren Verhältnisse und Verhalten gleichermaßen. Verhältnisse werden bereits laufend über politische Instrumente, wie Infrastrukturangebote, Preisanreize, Steuern und ordnungspolitische Maßnahmen, gestaltet. Hier ist Nachjustieren möglich, indem klima- und gesundheitsförderliche Handlungen attraktiver, klima- und gesundheitsschädliche Handlungen hingegen weniger attraktiv gemacht werden. Derart veränderte Verhältnisse können Verhaltensänderungen initiieren, vor allem wenn diese von Informationsangebote begleitet werden, die die Hintergründe nachvollziehbar machen und damit die Klima- und Gesundheitskompetenz der Bevölkerung fördern. Trotz alledem können manche Handlungsoptionen bei einigen AkteurInnen, aber auch bei KonsumentInnen aus unterschiedlichsten Gründen Widerstand hervorrufen. Eine Grundvoraussetzung für erfolgreiche Klima- und Gesundheitspolitik ist daher die Einbindung von AkteurInnen und Bevölkerung, um bei der konkreten Ausgestaltung von Maßnahmen unnötige Nachteile zu vermeiden und angestrebte Vorteile auszuschöpfen. Dies erfordert Forschung, sowohl im Vorfeld als auch begleitend zur Implementierung. Akzeptanz ist auch eine Frage des Framings: Die folgenden Ausführungen zielen lediglich auf gut begründete Maßnahmen ab, nicht auf das Framing, in dem sie eingeführt werden.

5.4.1 Gesunde, klimafreundliche Ernährung

Kritische Entwicklungen

Nachhaltige Ernährungsweisen müssen nach Lang (2017) geringe Treibhausgasemissionen verursachen, möglichst wenig Wasser in der Produktion verbrauchen, Biodiversität schützen, nahrhaft, sicher, verfügbar und leistbar für alle sein; sie müssen auch von hoher Qualität und kulturell angepasst sein sowie aus Arbeitsprozessen gewonnen werden, die gerecht und fair bezahlt sind, ohne externe Kosten an andere Stellen zu verschieben (hohe Übereinstimmung, starke Beweislage). Dann sind sie zugleich ein Beitrag zur Erfüllung der SDGs (Lang, 2017). Die Verantwortung für die Erreichung dieser von der Staatengemeinschaft gesteckten Ziele sieht er bei den Regierungen, die sowohl auf Produktionsweisen als auch auf Ernährungsgewohnheiten Einfluss nehmen können. Die Diskussion im vorliegenden Sachstandsbericht konzentriert sich auf Klima und Gesundheit, doch sollten die Wechselwirkungen mit anderen Entwicklungszielen nicht aus den Augen verloren werden.

Aus Klimasicht:

- Global gesehen verursacht die Landwirtschaft rund ein Viertel aller THG-Emissionen (Steinfeld u. a., 2006; Edenhofer u. a., 2014; Tubiello u. a., 2014). Viehzucht allein ist weltweit für 18 % der THG-Emissionen verantwortlich (Tubiello u. a., 2014).
- Es ist unbestritten, dass pflanzliche Produkte pro Nährwert zu einer wesentlich geringeren Klimabelastung führen als tierische Produkte, insbesondere Fleisch (Schlatzer, 2011).
- Ebenso unbestritten ist, dass Nahrungs- und Futtermittelproduktion, die mit Humusaufbau (z. B. biologische Landwirtschaft) einhergeht, aus Klimagründen jeder anderen Produktionsform vorzuziehen ist (hohe Übereinstimmung, starke Beweislage).
- Mineraldüngung ist wegen des hohen Energiebedarfs bei der Erzeugung und wegen des Humusabbaus klimaschädlich (hohe Übereinstimmung, starke Beweislage).
- Ökologische Landwirtschaft könnte zum Klimaschutz und zum Erhalt der Bodenfruchtbarkeit und der Biodiversität einen wichtigen Beitrag leisten (siehe Zaller, 2018) (hohe Übereinstimmung, mittlere Beweislage); ihr Beitrag zur

Gesundheit ist aufgrund der Reduktion des Pestizid- und Antibiotikaeinsatzes ebenfalls unumstritten.

- Das SDG 2 der UNO, Target 4, behandelt Nahrungsmittelproduktion und Klima: *„Bis 2030 die Nachhaltigkeit der Systeme der Nahrungsmittelproduktion sicherstellen und resiliente landwirtschaftliche Methoden anwenden, die die Produktivität und den Ertrag steigern, zur Erhaltung der Ökosysteme beitragen, die Anpassungsfähigkeit an Klimaänderungen, extreme Wetterereignisse, Dürren, Überschwemmungen und andere Katastrophen erhöhen und die Flächen- und Bodenqualität schrittweise verbessern"*. Gemessen wird der Erfolg am Anteil der nachhaltigen und produktiven landwirtschaftlichen Fläche.
- Rund 580.000 t vermeidbare Lebensmittelabfälle fallen in Österreich pro Jahr an, davon mehr als die Hälfte aus Haushalten, Einzelhandel und Gastronomie (Hietler & Pladerer, 2017) (hohe Übereinstimmung, mittlere Beweislage). Zu dieser Verschwendung trägt das meist fälschlich als „Ablaufdatum" interpretierte Mindesthaltbarkeitsdatum (MHD) bei (Pladerer u. a., 2016).

Aus gesundheitlicher Sicht:

- Der Anteil an Getreide, Gemüse und Obst sollte wesentlich höher sein, denn der Fleischkonsum übersteigt in Österreich das nach der österreichischen Ernährungspyramide (BMGF, 2018) gesundheitlich Wünschenswerte deutlich, z. B. bei Männern um den Faktor 3 (BMGF, 2017e) (hohe Übereinstimmung, starke Beweislage). In den kanadischen Ernährungsempfehlungen wurde aufgrund neuerer Evidenz auch der Anteil anderer tierischer Produkte, insbesondere Milch, reduziert (Food Guide Consultation, 2018).
- Ein derzeit viel diskutierter Spezialfall ist Palmöl, das wegen seiner physikalischen Eigenschaften und der billigen Produktion von der Lebensmittelindustrie gerne verwendet wird. Durch die mit seiner Gewinnung verbundenen Abholzung und Entwässerung von Regenwäldern erweist sich Palmöl in der Treibhausgasbilanz, neben anderen katastrophalen Umweltauswirkungen, als klimaschädlich (Fargione u. a., 2008). Gesundheitliche Bedenken hinsichtlich eines erhöhten Risikos für Diabetes, Gefäßverkalkungen und Krebs wurden auch bereits angemeldet (siehe z. B. Warnung der EFSA (2018) hinsichtlich Prozesskontaminanten mit besonders hohen Werten in Palmöl). Palmöl ist also weder klimafreundlich noch gesund (hohe Übereinstimmung, starke Beweislage).

Die Maßnahmen für eine gesunde Ernährung decken sich weitgehend mit jenen, die aus Klimasicht (und Sicht der Nachhaltigkeit) notwendig sind. Während Dokumente der Klimapolitik häufig auf den Gesundheitsvorteil verweisen, fehlen Klimabezüge in den Dokumenten der Gesundheitspolitik meist (Bürger, 2017).

Handlungsoptionen

1. Ansatzpunkte auf individueller Ebene sind z. B. Quantität, Fleischanteil und Qualität der Lebensmittel. Eine ausgewogenere Ernährung wäre auch ein Schritt zur Erfüllung des Target 2 des Nachhaltigen Entwicklungszieles 2: „2.2 *By 2030, end all forms of malnutrition*", denn in Österreich leiden ca. 30 % aller Jungen und ca. 25 % aller Mädchen im Alter von 8 bis 9 Jahren an Fehlernährung (Übergewicht) (BMGF, 2017h).

2. Klima- und gesundheitsförderliche Konsumentscheidungen werden leichter getroffen, wenn einerseits Gesundheits- und Klimakompetenz der KonsumentInnen stärker ausgeprägt sind, andererseits die Preisstruktur diesen entgegenkommt (siehe Kap. 4.5.2) (mittlere Übereinstimmung, mittlere Beweislage). Die Preisstruktur könnte z. B. durch stärkere Bindung von Förderungen an Humusaufbau und Biodiversitätsschutz, Klimafreundlichkeit und gesundheitliche Qualitätskriterien, durch THG-abhängige Steuern auf alle Lebensmittelkategorien (Springmann, Mason-D'Croz u. a. 2016b) oder durch schärfere Tierschutzbestimmungen oder Fleischsteuern (Weisz u. a. in Arbeit; siehe Haas u. a., 2017; ClimBHealth, 2017) beeinflusst werden und damit auch der Kostenwahrheit näherkommen.

3. Bei der Ernährung hat die Reduktion des Fleischkonsums die größten positiven Effekte für Klima und Gesundheit (Friel u. a., 2009; Scarborough, 2014; Scarborough, Clarke u. a., 2010; Scarborough, Nnoaham u. a., 2010; Scarborough u. a., 2012; Tilman & Clark, 2014; Springmann, Mason-D'Croz u. a., 2016b). Eine stärkere pflanzliche Ernährungsweise könnte die globale Mortalitätsrate spürbar senken und die ernährungsbezogenen Treibhausgase dramatisch reduzieren (siehe Kap. 4.5.2; Springmann, Mason-D'Croz u. a., 2016b) (hohe Übereinstimmung, starke Beweislage). Tierische Produkte spielen etwa bei dem Risiko von Diabetes mellitus Typ II und Herz-Kreislauf-Erkrankungen eine gewichtige Rolle. Deswegen sind Maßnahmen zur Reduktion des Fleischkonsums, wie die Verteuerung von Fleisch, aber auch die Steigerung der Attraktivität von Obst und Gemüse, besonders wichtig (hohe Übereinstimmung, starke Beweislage). Auch genderbezogene Maßnahmen, um den überdurchschnittlichen Fleischverbrauch bestimmter Personengruppen zu reduzieren (z. B. Männer), bieten sich an (siehe unten, siehe Kap. 4.5.2).

4. Die Rahmenbedingungen des Lebensmittelsektors sind derzeit im Wesentlichen nur hinsichtlich akuter Sofortschäden geregelt. Diese könnten im Sinne von Gesundheitsvorsorge und Klimaschutz geändert werden. Im derzeitigen System bleiben die Profite bei der Lebensmittelwirtschaft, die Kosten ungesunder Ernährung werden über das Sozial- und Gesundheitssystem von der Allgemeinheit getragen (Springmann, Mason-D'Croz u. a., 2016b). Ansatzpunkte: Das Umweltbundesamt in Deutschland sprach sich für die Senkung des Mehrwertsteuersatzes von Obst und Gemüse zum Vorteil von Klima und Gesundheit aus (Köder & Burger, 2017). Um eine nachhaltigere Form der Tierproduktion zu erreichen, plädiert die FAO schon seit längerem für Steuern sowie Gebühren, die Umweltschäden einrechnen (FAO, 2009). So könnte eine Besteuerung tierischer Produkte mit 60 €/t CO_2 in der EU-27 ca. 32 Mio. t CO_2-Äq. oder 7 % der landwirtschaftlichen THG-Emissionen einsparen (120 €/t CO_2 etwa 14 %) (Wirsenius u. a., 2011).

5. Veränderungen der Rahmenbedingungen (Verhältnisse) sollten durch Informationskampagnen begleitet werden, die die Eigenverantwortung der KonsumentInnen durch verständliche und umfassende Qualitätszeichen (Ökologie, Soziales, Gesundheit) unterstützen (hohe Übereinstimmung, schwache Beweislage). Ein radikalerer Schritt wäre eine Umkehr der Kennzeichnungspflicht: Statt das Klimafreundliche und Gesunde zu kennzeichnen, das Klimaschädliche und Ungesunde ausweisen.

6. Initiativen wie FoodCoops, Urban Gardening, solidarische Landwirtschaft, Pachtzellen, Nachbarschaftsgärten, Guerilla Gardening, Selbsterntefelder etc. sind ein weiterer attraktiver Zugang zur Änderung von Verhältnissen und Verhalten. Obwohl nicht zwingend notwendig, werden doch meist über diese Initiativen biologische, regionale und saisonale Produkte, vorwiegend Getreide, Obst und Gemüse, angeboten. In der Regel ernähren sich TeilnehmerInnen derartiger Initiativen gesünder und die LandwirtInnen haben mehr Gestaltungsmöglichkeit hinsichtlich Pflanzenauswahl und Bearbeitungsmethoden (mittlere Übereinstimmung, schwache Beweislage). Um das Potenzial solcher Initiativen für mehr Gesundheit und Klimaschutz zu nutzen, sollten gezielt Freiräume für Experimente geschaffen werden, in denen Bürokratie innovativ mit Herausforderungen umgeht. Für die Sicherstellung der Steuerleistung oder Erfüllung von Standards – anders als über Gewerbescheine – lassen sich Wege finden, die nicht die Initiativen per se in Frage stellen. Dabei könnte für die anstehenden Transformationsprozesse auf gesamtgesellschaftlicher Ebene gelernt werden (hohe Übereinstimmung, schwache Beweislage).

7. Ein wichtiger Ansatzpunkt sind die Umstellungen auf gesunde sowie klimafreundlichere Lebensmittel in staatlichen Einrichtungen wie Schulen, Kindergärten, Kasernen, Kantinen, Krankenhäusern und Altersheimen, aber auch in der Gastronomie (hohe Übereinstimmung, mittlere Beweislage). Die Umstellung kann bei im Wesentlichen gleichbleibenden Kosten erfolgen (Daxbeck u. a., 2011). Erste Ergebnisse eines Schulexperimentes zeigten merklichen Muskelauf- und Fettabbau selbst bei geringer Befassung von SchülerInnen mit Fragen der Ernährung, kombiniert mit freudvoller Bewegung, (Widhalm, 2018). In der Gastronomie könnten kleinere Portionen, mit der Möglichkeit nachzufassen, mindestens eine vegetarische Option und ein Krug Leitungswasser auf jedem Tisch wichtige Beiträge sein. Ein weiterer Interventionspunkt wäre die Entwicklung der Gesundheits- und Klimakompe-

tenz in der Aus- und Weiterbildung von KöchInnen, ErnährungsassistentInnen und EinkäuferInnen großer Lebensmittel- und Restaurantketten.

8. Weil die Effekte klimaschonender und gesunder Ernährung über Einhaltung von Klimazielen, Arbeitsproduktivitätsgewinnen und Einsparungen von Gesundheitsausgaben zur Entlastung öffentlicher Ausgaben führen können (Springmann, Godfray u.a., 2016; Keogh-Brown u.a., 2012; siehe Scarborough, Nnoaham u.a., 2010), müssten diese im Interesse staatlicher Politik sein.

9. Wie in anderen Forschungsbereichen ist eine strikte Ausrichtung der Forschung im Interesse des Allgemeinwohls, also auch dort wo kein wirtschaftlicher Nutzen zu erwarten ist und losgelöst von wirtschaftlichen Interessen, zentral (hohe Übereinstimmung, mittlere Beweislage). Erste wichtige Schritte in der medizinischen Forschung könnten erhöhte Transparenz bezüglich Finanzierung, Forschungsfrage, -ansatz und Auswertemethoden sowie Stichprobenselektion und -größe sein.

5.4.2 Gesunde, klimafreundliche Mobilität

Kritische Entwicklungen

Der Verkehrssektor spielt sowohl für das Klima als auch für die Gesundheit eine wichtige Rolle. In Österreich sind 29 % der Treibhausgasemissionen auf den Verkehr zurückzuführen, davon über 98 % auf den Straßenverkehr. Etwa 44 % der Emissionen des Straßenverkehrs entfielen im Jahr 2015 auf den Gütertransport und etwa 56 % auf den Personenverkehr. Seit 1990 (Bezugsjahr des Kyoto-Protokolls) sind die Emissionen um 60 % gestiegen, wobei der Güterverkehr überproportional stark anstieg (Umweltbundesamt, 2018).

Niedrige Treibstoffpreise in Österreich befördern den Verkauf bei Durchfahrten durch Österreich und im grenznahen Verkehr. Die dadurch jährlich lukrierten Mineralölsteuern entsprechen den Kosten der erforderlichen Emissionszertifikate innerhalb der gesamten ersten Kyoto-Periode (500–600 Mio. €). Hier wirken also fiskalpolitische Interessen den österreichischen Klimaschutzzielen entgegen (Stagl u.a., 2014).

Ein technologischer Wandel von fossil zu elektrisch betriebenen Fahrzeugen ist zwar notwendig, reicht aber allein zur Erreichung der Ziele nicht aus und wirft im Gegenzug andere Fragen auf, z.B. nach ausreichender Bereitstellung von Ökostrom (auch ladebedingter Stromspitzen), umweltgerechter Entsorgung von Altbatterien und der Teilhabe von ökonomisch benachteiligten Bevölkerungsgruppen an der Elektromobilität trotz höherer Anschaffungspreise. Darüber hinaus bleiben Probleme wie Unfallrisiken, Feinstaub durch Reifen- und Bremsbelagsabrieb sowie Aufwirbelung, Verkehrsstaus und Flächenverbrauch durch Straßeninfrastruktur ungelöst.

Gerade der hohe Flächenverbrauch von mehrspurigen Fahrzeugen in urbanen Räumen behindert vermehrte Aufenthalts- und Grünräume, die für eine verbesserte Lebensqualität der StadtbewohnerInnen speziell bei steigenden Temperaturen erforderlich sind. Auch das gesundheitliche Potenzial der Transformation wird durch Elektromobilität keinesfalls ausgeschöpft (hohe Übereinstimmung, starke Beweislage).

Veränderungen im *Modal Split* (Verteilung des Verkehrs auf verschiedene Verkehrsmittel) für Passagiere und Waren müssen jedenfalls Teil der Lösung sein. Dass sie möglich sind, hat die Stadt Wien mit einer Reduktion des motorisierten Individualverkehrs von 35 % im Jahr 1995 auf 31 % 2013/14 gezeigt. Die Verschiebung zum öffentlichen Verkehr erfolgte nicht zuletzt durch die Preisreduktion der Jahreskarte bei gleichzeitiger Parkraumbewirtschaftung und Ausbaus des ÖV-Angebots (Tomschy u.a., 2016). Österreichweit überwiegt im Modal Split bei insgesamt steigenden Verkehrsaufkommen (d.h. stärkeres Wachstum im Individualverkehr) der Pkw-Verkehr mit 57 % (2013/14), der damit gegenüber 1995 gestiegen ist (51 %). Bahn und Bus sind mit 17 % im Jahr 1995 und 18 % 2013/14 fast konstant geblieben. Fußwege sind insgesamt rückläufig. Während in diesem Zeitraum die Verkehrsleistung mit dem Fahrrad deutlich gestiegen ist (von 2,3 auf 5,2 Mrd. Personenkilometer), ist die Summe der zu Fuß zurückgelegten Entfernung leicht rückläufig (von 5,2 auf 5,1 Mrd. Personenkilometer). Allerdings hat sich deren Verkehrswegeanteil deutlich von 26,9 % auf 17,4 % verringert, d.h. es werden im Durchschnitt weniger, aber längere Fußwege zurückgelegt. Im Bereich des Güterverkehrs ist mit einer signifikant erhöhten Verkehrsleistung auf der Straße eine gegenteilige Tendenz festzustellen. Diese Entwicklungen sind im Lichte eines Anstieges des Transportaufwandes (Pkw: 66 %, SNF: 73 %) zu sehen (Umweltbundesamt, 2017).

Besonders wichtig aus Klimasicht wäre die Reduktion des Flugverkehrs, der nicht im Pariser Klimaabkommen geregelt ist (hohe Übereinstimmung, starke Beweislage). Die freiwillig vereinbarten Maßnahmen von Montreal der Internationalen Zivilluftfahrtorganisation reichen bei weitem nicht aus, um das übergeordnete Ziel zu erreichen (Carey, 2016). Zudem prognostiziert die ICAO ein 300–700-prozentiges Wachstum des weltweiten Flugverkehrs bis 2050 (European Commission, 2017), das dem Pariser Abkommen entgegenwirken würde, sollte es sich tatsächlich einstellen. Die Zahl der Starts und Landungen in Österreich ist seit etwa 2008 zurückgegangen (Stadt Wien, 2018b). Die Passagierzahlen haben sich im österreichischen Flugverkehr seit 1990 mehr als verdreifacht (Statistik Austria, 2017c).

Da Siedlungsstrukturen, wie etwa die räumliche Anordnung von Wohnraum, Arbeitsstätten, Einkaufszentren, Schulen, Spitälern oder Altersheimen, den Verkehrsaufwand weitgehend determinieren, bedarf es auch der gesetzlichen Grundlagen und Richtlinien in der Raum- und Städteplanung, will man das Mobilitätsaufkommen reduzieren oder die notwendigen Wege für FußgängerInnen und RadfahrerInnen attraktiv gestalten (hohe Übereinstimmung, starke Beweislage).

Bei Befragungen geben über 40 % aller Befragten in Österreich an, dass sie sich durch Lärm belästigt fühlen. Eine der Hauptquellen der Lärmbelastung ist der Verkehr, wobei der Straßenverkehr als Lärmerreger dominiert. Allerdings ist, laut Mikrozensus der Statistik Austria, sein Anteil in den letzten Jahren etwas gesunken (Statistik Austria, 2017b).

Mangelnde Luftqualität stellt in Städten und in alpinen Tal- und Beckenlagen in Österreich weiterhin ein Problem dar. Dies betrifft vor allem Stickstoffdioxid – hier wurde 2016 von der EU ein Vertragsverletzungsverfahren gegen Österreich eingeleitet. Auch bei Feinstaub treten zeitweise Grenzwertüberschreitungen auf, bei Ozon wurden an rund 50 % der Stationen Grenzwertüberschreitungen festgestellt. Wesentliche Quelle für Stickoxide, Feinstaub und für die Vorläufersubstanzen von Ozon ist der Verkehr, insbesondere Dieselfahrzeuge (hohe Übereinstimmung, starke Beweislage).

Der Diesel-Abgasskandal hat offengelegt, dass einerseits die offiziellen Angaben zu den Pkw-Emissionen aufgrund der günstigen Fahrzyklen bei den Messungen weit unter den realen liegen, andererseits selbst diese Werte manipulativ nur im Test erreicht wurden. Die zuständigen Regelungen auf EU-Ebene wurden trotz wiederholter Hinweise auf die Unangemessenheit der Messzyklen erst nach dem Skandal zugunsten realitätsnäherer Angaben modifiziert. Klagen, die im Zuge des Abgasskandals eingebracht wurden, bezogen sich überwiegend auf Wertverluste der Pkw-Besitzer, während der erhöhte Beitrag zur Luftverunreinigung und zum Klimawandel praktisch ungesühnt bleibt. Das System, das solche Skandale provoziert – praktisch alle Hersteller haben Abgaswerte manipuliert – wurde in der Diskussion kaum thematisiert. Nach dem Skandal wurden lediglich verstärkte Kontrollen eingeführt.

Gesundheitseffekte

Die Reduktion des fossil angetriebenen Verkehrs und die Verschiebung des *Modal Splits* zugunsten aktiver Mobilität vermindern die Schadstoff- und Lärmbelastung des Personen- und Güterverkehrs und führen zu mehr gesundheitsförderlicher Bewegung. Damit können Fettleibigkeit und Übergewichtigkeit sowie das Risiko von Herz-Kreislauf-Erkrankungen, Atemwegserkrankungen und Krebs, aber auch Schlafstörungen und psychische Erkrankungen reduziert werden. Dies führt zu höherer Lebenserwartung und mehr gesunden Lebensjahren (hohe Übereinstimmung, mittlere Beweislage). Zugleich werden erhöhte Kosten von Gesundheitsservices und Krankenständen vermieden (Haas u. a., 2017; Mueller u. a., 2015; Wolkinger u. a., 2018) (siehe Kap. 4.5.3).

Der Wandel von „nicht-motorisiertem Verkehr" zu „aktiver Mobilität" in der Sprache der Fachwelt zeigt, dass Radfahren und Zufußgehen wieder vom privaten Hobby zum akzeptierten Verkehrsmittel des Alltags avancieren. Der größte gesundheitliche Effekt stellt sich meist bei jenen RadfahrerInnen ein, die ihren täglichen Weg in die Arbeit konsequent am Rad zurücklegen (Laeremans u. a., 2017).

Städte und Siedlungen, die nicht mehr „autogerecht", sondern auf aktive Mobilität hin gestaltet werden, verbessern die sozialen Kontakte und damit das Wohlbefinden und die Gesundheit. Dass sich dies auch auf die Integration älterer Mitmenschen und MigrantInnen auswirken kann, ist unmittelbar einsichtig (mittlere Übereinstimmung, mittlere Beweislage). Selbst die Kriminalität sinkt in „menschengerechter" gestalteten Städten gegenüber jenen, die auf motorisierten Verkehr hin ausgerichtet sind (Wegener & Horvath, 2017). Der höhere Anteil aktiver Mobilität im städtischen Bereich ermöglicht den Rückbau von Straßen und Parkplätzen zu Gunsten einer Entsiegelung und Begrünung z. B. durch Baumpflanzungen und ist damit eine wichtige Möglichkeit zur Entschärfung von Hitzeinseln (Stiles u. a., 2014; Hagen & Gasienica-Wawrytko, 2015).

Bei der Reduktion des Flugverkehrs geht es um gesundheitsrelevante Emissionen wie Feinstaub, sekundäre Sulfate und sekundäre Nitrate (Rojo, 2007; Yim u. a., 2013) sowie um Lärm und das erhöhte Risiko der Übertragung von Infektionskrankheiten (Mangili & Gendreau, 2005).

Handlungsoptionen

1. Der technologische Wandel von fossil zu alternativ betriebenen Fahrzeugen ist zwar notwendig, reicht aber allein nicht aus und benötigt daher die entschiedene Entwicklung attraktiver Angebote für aktive Mobilitätsformen sowie den öffentlichen Verkehr, um die Klimaziele zu erreichen und den gesundheitlichen Nutzen auszuschöpfen (hohe Übereinstimmung, mittlere Beweislage).

2. Die Treibhausgas- und Luftschadstoff-Emissionen alternativer Antriebssysteme (batteriebetriebene und brennstoffzellenbetriebene elektrische Fahrzeuge, biogasbetriebene Fahrzeuge und Hybridvarianten fossiler Pkws) liegen – auch wenn der Produktionsaufwand miteingerechnet wird – unter den Emissionen der aktuellsten Generation fossiler Pkws (hohe Übereinstimmung, starke Beweislage). Eine Elektrifizierung des Verkehrs, vor allem mit Ökostrom, würde die Emissionen für Treibhausgase und Stickoxide deutlich senken (Fritz u. a., 2017). Bei der Feinstaubbelastung fällt die Reduktion wegen der Aufwirbelung und des Reifen- sowie Bremsbelagsabriebs geringer aus.

3. Das Lärmproblem könnte bei geringen Geschwindigkeiten durch Elektrofahrzeuge deutlich entschärft werden (hohe Übereinstimmung, starke Beweislage). Allerdings dominieren bei Pkws die Rollgeräusche ab 30–40 km/h. Die Lärmreduktion gilt insbesondere auch für Elektro-Lkws. In der Umstellungsphase erhöhen lärmarme Verkehrsmittel das Sicherheitsrisiko (hohe Übereinstimmung, schwache Beweislage). Bei Güterzügen setzt die Einführung des lärmabhängigen Infrastrukturbenützungsentgelts in Österreich einen Anreiz für die Umrüstung auf leise Bremsen; dies kann bis zu 10 dB Lärmreduktion erzielen (Fritz u. a., 2017).

4. SDG 3.6, Indikator 3.6.1, fordert global die Halbierung der Verkehrstoten bis 2020. Die Statistik des BMI (Statistik Austria, 2018b) zeigt, dass die Verkehrstoten sinken und dass die Zielerreichung herausfordernd, aber keineswegs unerreichbar ist. Es geht um eine Reduktion des Autoanteils, der gefahrenen Kilometer und der tatsächlich gefahrenen Geschwindigkeiten. Durch Geschwindigkeitsreduktion kann mehreren Anliegen Rechnung getragen werden: Reduktion der tödlichen Verkehrsunfälle, der Schadstoffemissionen, der CO_2-Emissionen und des Lärms (hohe Übereinstimmung, starke Beweislage).

5. Die Resonanz der Bevölkerung auf die zahlreichen Initiativen der Zivilgesellschaft und der Kommunen in Österreich zeigen, dass sich ein Umdenken hinsichtlich der Einstellung zum eigenen Pkw entwickelt: Carsharing, Leihfahrräder, Lastenfahrräder usw. boomen (mittlere Übereinstimmung, starke Beweislage). Diese Veränderungen könnten für gesetzliche Bestimmungen im Sinne der Nachhaltigkeit und des Gesundheitsschutzes genutzt werden, indem aktive Mobilität und Sharing deutlich attraktiver gemacht werden als motorisierter Individualverkehr: Z. B. könnten Umweltzonen und Parkplätze nur für aktive Mobilität und Elektromobilität vorbehalten bleiben oder Genehmigungen für Carsharing Unternehmen nur für Elektrofahrzeuge gegeben werden.

6. Geeignete Raum- und Verkehrsplanung kann sicherstellen, dass typische Alltagswege (Schule, Arbeit, Einkauf, Freizeit) kurz und sicher sind, sodass sie zu Fuß und auch von Kindern allein zurückgelegt werden können (hohe Übereinstimmung, starke Beweislage). Radabstellplätze, die ganz nahe am Zielort sind, stellen einen Anreiz zur aktiven Mobilität dar, insbesondere wenn Pkw-Abstellplätze mit deutlich längeren Fußwegen verbunden sind. Als Anpassung an den Klimawandel sind Wetterschutzangebote, z. B. schattenspendende Bäume, Unterstände, Sitzgelegenheiten und Trinkwasserangebote, hilfreich (Pucher & Buehler, 2008). So können gut kombinierte Raumplanung und Parkraumbewirtschaftung die Attraktivität von Einkaufzentren am Stadtrand oder zwischen Siedlungen mindern und damit Verkehrswege reduzieren. Städte mit Einkaufsmöglichkeiten in Geh- oder Fahrraddistanz, Möglichkeiten der Interaktion und des Verweilens sind emissionsärmer, stressfreier und gesünder als autoorientierte Städte (Knoflacher, 2013) (hohe Übereinstimmung, starke Beweislage).

7. Ein wirkliches Umdenken wird Verkehrsexperten zufolge erst erfolgen, wenn der motorisierte Individualverkehr seine vollen externen Kosten bezahlen müsste und Kostenwahrheit im Verkehr erzielt wird (Sammer, 2016; Köppl & Steininger, 2004). Ein Ansatzpunkt ist beispielsweise, wenn AutobesitzerInnen die für die jeweilige Stadt typischen Mietkosten für die Größe eines Pkw-Stellplatzes als Parkgebühr bezahlen müssten. Um die Wirksamkeit solcher finanziellen Maßnahmen zu erhöhen, sollten regulatorische und planerische Maßnahmen die derzeitige Bevorzugung des motorisierten Individualverkehrs bei der

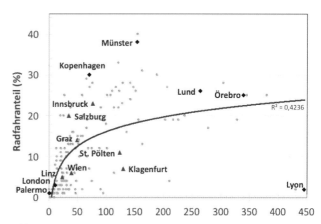

Abb. 5.2: Radverkehrsanteil in Abhängigkeit der Länge der Radwege für 167 europäische Städte. Datenquellen: BMLFUW, 2015; Mueller u. a., 2018; Websites der Landeshauptstädte.

Nutzung städtischer Flächen beenden, beispielsweise Abstellplätze und Garagen räumlich-baulich, finanziell und organisatorisch von Wohnungen völlig getrennt werden (Knoflacher, 2013).

8. Eine Statistik über 167 europäische Städte zeigt, dass der Anteil des Radverkehrs mit der Länge des Radwegenetzes wächst (5.2). Gewidmete Budgets für aktive Mobilität (z. B. für Infrastruktur und Bewusstseinsbildung) stellen eine gute Voraussetzung für die Förderung dieses Bereiches dar.

9. *Cost-Benefit*-Analysen haben für Belgien gezeigt, dass der wirtschaftliche Nutzen über die reduzierten Gesundheitskosten die ursprüngliche Investition in Radwege um einen Faktor 2 bis 14 übertrifft (Buekers u. a., 2015). Die WHO hat zur Abschätzung des ökonomischen Vorteils reduzierter Sterblichkeit als Folge regelmäßigen Gehens oder Radfahrens ein online Berechnungssystem entwickelt (*Health economic assessment tool* (HEAT) *for cycling and walking*), das die Kostenanalyse geplanter Infrastrukturprojekte erweitern sollte (WHO Europe, 2017b). In einer Studie für Graz, Linz und Wien wurde mittels Szenarien für evidenzbasierte Maßnahmeneffektivität gezeigt, dass durch Erhöhung des Radverkehrs bereits ohne Elektromobilität an die 60 Sterbefälle pro 100.000 Personen und fast 50 % der CO_{2equ}-Emissionen des Personenverkehrs reduziert werden können, bei gleichzeitiger Reduktion der Gesundheitskosten um fast 1 Mio. € pro 100.000 Personen. Dies ist durch einen bereits erprobten Maßnahmenmix aus Flaniermeilen, Zonen reduzierten Verkehrs, Ausbau der Fahrradwege und -infrastruktur, erhöhte Frequenzen im öffentlichen Verkehr und günstigere Verbundtarife im Stadt-Umland-Verkehr erzielbar. Ergänzt um E-Mobilität können – vorausgesetzt die Stromproduktion ist karbonneutral – 100 % der CO_{2equ}-Emissionen und 70–80 Sterbefälle pro 100.000 vermieden werden (Haas u. a., 2017; Wolkinger u. a., 2018) (hohe Übereinstimmung, starke Beweislage).

10. Um das enorme Potenzial des Mobilitätssektors für Klimaschutz und Gesundheitsförderung gleichermaßen zu nutzen, bedarf es der institutionalisierten Kooperation zwischen den zuständigen Ressorts in Kommunen, Ländern und auf nationaler Ebene. Funktionierende Zusammenarbeit setzt vor allem voraus, dass die notwendigen Ressourcen und Kapazitäten für den Informations- und Meinungsaustausch zur Verfügung gestellt werden (Wegener & Horvath, 2017) (hohe Übereinstimmung, mittlere Beweislage).

5.4.3 Gesundes, klimafreundliches Wohnen

Kritische Entwicklungen

Die Wohnsituation zählt zu den wichtigsten Faktoren für Gesundheit und Wohlbefinden (siehe auch SDG Ziel 3). Zugleich sind Bauen und Wohnen wichtige Faktoren in der Klimadiskussion, da sie einerseits Treibhausgasemissionen verursachen – und aufgrund der langen Lebensdauer von Gebäuden auch Lock-in-Effekte erzeugen können –, andererseits stark vom Klimawandel betroffen sind und daher Anpassungsmaßnahmen erforderlich machen (hohe Übereinstimmung, starke Beweislage). Daneben handelt es sich um einen wichtigen Wirtschaftssektor, auch in Hinblick auf Arbeitsplätze (hohe Übereinstimmung, starke Beweislage). Gebäude verursachen in Österreich zwar nur etwa 10 % der Treibhausgasemissionen, Tendenz sinkend, aber der Gebäude- und Wohnungsbestand in Österreich wächst seit 1961 linear an. Etwa 87 % der Wohngebäude sind Ein- und Zweifamilienhäuser, die durch den Autoverkehr Emissionen und ein Vielfaches an versiegelter Fläche nach sich ziehen; nur 13 % bestehen aus 3 oder mehr Wohnungen (BMLFUW, 2017a).

Durch den erwarteten Klimawandel und die veränderten Komfortbedingungen wird sich die Ausstattung von Gebäuden (z. B. Installation von Klimaanlagen und Beschattungseinrichtungen) verändern müssen. Die Gestaltung der Wohn-, Arbeits- und Infrastrukturbauten hat erhebliche Auswirkungen auf andere Bereiche, z. B. das Mobilitäts- und Freizeitverhalten (BMLFUW, 2017a).

Die verstärkte Hitzebelastung im Sommer mit fehlender nächtlicher Abkühlung führt vor allem in Städten zu ungünstigerem Raum- und Wohnklima und damit zu gesundheitlichen Belastungen (besonders für gesundheitlich vorbelastete und alte Menschen sowie Kinder) (hohe Übereinstimmung, starke Beweislage). Von sommerlicher Überhitzung betroffen sind vor allem Gebäude mit geringen Speichermassen, schlechter Wärmedämmung und hohem Glasanteil (Bürogebäude). Auch die Ausrichtung und Gestaltung der Gebäude ist relevant, wobei es um geringe Sonnenexposition der Fenster im Sommer, aber hohe im Winter geht. Der Kühlbedarf bzw. der Einsatz alternativer Maßnahmen zur Reduktion der Raumtemperatur wird im Sommer steigen (APCC, 2014; Kranzl u. a., 2015) (hohe Übereinstimmung, starke Beweislage).

Mildere Winter wirken sich im Gebäudesektor insgesamt positiv aus; die winterliche Einsparung überwiegt vor allem in Gebäuden mit gutem thermischen Zustand derzeit noch den Bedarf an zusätzlichen Kühlleistungen während sommerlicher Hitzewellen (BMLFUW, 2017a).

Gesundheitseffekte

Neben Hitzestress im Sommer sind noch weitere Gesundheitseffekte zu beachten. Lärm und Luftschadstoffe sind wesentliche, gut untersuchte Belastungsfaktoren. Ab ca. 55 dB(A) Lärmpegel gemessen nachts vor dem Fenster können sich bereits gesundheitliche Folgen (WHO Europe, 2009), wie Störungen der Herz-Kreislauf-Regulation, psychische Erkrankungen, reduzierte kognitive Leistung oder Störungen des Zuckerhaushaltes, einstellen (WHO, 2009). Solche Pegel treten regelmäßig auf stark befahrenen Straßen auf (innerstädtisch und bei Freilandstraßen und Autobahnen).

Etwa 80 % des Energieaufwandes der österreichischen Haushalte wird im Bereich Wohnen für Heizung und Warmwasser verwendet. Effiziente Heizungs- und Warmwasseraufbereitungssysteme, und solche, die auf erneuerbare Energie zurückgreifen, sind daher wesentliche Beiträge zum Klimaschutz (hohe Übereinstimmung, starke Beweislage). Da die Abgase der Heizsysteme an die Außenluft abgegeben werden, beeinträchtigen fossil betriebene Systeme zudem die Luftqualität und damit die Gesundheit in Siedlungsgebieten (hohe Übereinstimmung, starke Beweislage). Auch einfache Holzöfen, bei denen feine Partikel (Feinstaub) ungefiltert in die Außenluft abgegeben werden, stellen eine gesundheitliche Belastung dar.

Elektrogeräte sind Wärmequellen in Innenräumen – je energieeffizienter, desto weniger Abwärme und desto weniger Treibhausgasemissionen.

Die Umgebung des Wohnorts spielt eine wichtige Rolle für Gesundheit und Wohlbefinden: Sie entscheidet auch über nahegelegenen Grünraum und Natur (siehe Kap. 5.2.1 und 4.4.3 und hier Raumordnung, Stadtplanung und urbane Grünräume) (hohe Übereinstimmung, mittlere Beweislage).

Handlungsoptionen

1. Klimafreundliche und gesundheitsfördernde Stadtplanung schafft die Grundlage für gesundes, klimafreundliches Wohnen. Es erscheint daher sinnvoll, KlimatologInnen und ÄrztInnen routinemäßig in die Stadtplanung einzubinden.
2. Klimawandelanpassung und Emissionsminderung sind im Bereich Bauen und Wohnen nicht getrennt voneinander und vom Verkehr zu betrachten. Maßnahmen zur Steigerung der Energieeffizienzstandards von Gebäuden sind in vielen Fällen zugleich wirkungsvolle Anpassungsmaßnahmen gegen Überhitzung (z. B. hohe Wärmedämmung,

Einsatz von Komfortlüftungsanlagen) (BMLFUW, 2017a) (hohe Übereinstimmung, starke Beweislage). Ähnliches gilt für beheizte bzw. gekühlte Büros, Krankenhäuser, Hotels, Schulen etc. Im Neubau kann mit technischen und raumplanerischen Maßnahmen vorausschauend agiert und negative Wirkungen vermieden werden. Politisch propagiertes „leistbares Wohnen" führt, wenn es als „billiges Bauen" umgesetzt wird, jedoch oft zu nicht leistbarem Wohnen, weil insbesondere die jährlichen Heizkosten viel höher sind als bei klimafreundlichen Bauten. Bei bestehenden Gebäuden sind Maßnahmen oft mit erheblichem finanziellen Aufwand verbunden (BMLFUW, 2017a) und unterschiedliche Eigentümerstrukturen und Interessen führen zu Problemlagen, die dringend einer Lösung bedürfen. Die Sanierungsrate bleibt beim Altbestand in Österreich bei gleichzeitig geringer Sanierungsqualität mit unter 1% extrem niedrig. Höhere Sanierungsraten mit höherer Qualität hätten durch Reduktion des Hitzestresses positive Effekte für die Gesundheit (hohe Übereinstimmung, starke Beweislage). Richtlinien, Regelwerk und Fördermaßnahmen nehmen auf unterschiedlichen Ebenen zunehmend auf den Klimawandel Rücksicht, die engen Wechselwirkungen von Wohnen und Verkehr bzw. Autoabstellplätzen bleiben meist unberücksichtigt.

3. Ein- und Zweifamilienhäuser und die damit verbundenen Garagen und Autoabstellplätze bedeuten erhöhten Flächen-, Material- und Energieaufwand sowie meist eine langfristige Bindung an motorisierten Individualverkehr und sind daher aus Klima- und Gesundheitssicht im Neubau in Frage zu stellen (hohe Übereinstimmung, starke Beweislage). Die Flächenversiegelung pro Jahr zählt in Österreich zu den absoluten Spitzenwerten Europas: Von 2006 bis 2012 wurden pro Tag durchschnittlich 22 Hektar Boden verbaut; rund zehn Prozent Versiegelungszuwachs bei knapp zwei Prozent Bevölkerungswachstum (Chemnitz & Weigel, 2015). Den tief verwurzelten Zielvorstellungen vom „guten Leben" im Häuschen mit Garten sollten attraktive Lösungen, wie Mehrfamilienwohnungen mit Grünschneisen in verkehrsarmen, gut versorgten Zonen hoher Lebensqualität, und Angebote, wie *Urban Gardening*, Nachbarschaftsgärten oder Selbsterntefelder, entgegengestellt werden, die neben zahlreichen Vorteilen für Klima und Gesundheit auch Gemeinschaftsbildung befördern. Die Entwicklung geeigneter Passivhaus- bzw. Plusenergiehausstandards für größere Gebäude ist dringlich (hohe Übereinstimmung, starke Beweislage).

5.4.4 Emissionsreduktion im Gesundheitssektor

Kritische Entwicklungen

Das Gesundheitssystem Österreichs ist mit einem Anteil von 11% am BIP (2016) (Statistik Austria, 2018a) ein wirtschaftlich, politisch und gesamtgesellschaftlich bedeutender Sektor. Es soll der Wiederherstellung der Gesundheit dienen, trägt aber gleichzeitig direkt (z. B. durch heizen/kühlen und Strom) und indirekt (vor allem über Konsum und Erzeugung medizinischer Produkte) zum Klimawandel bei (SDU, 2009, 2013), der wiederum die menschliche Gesundheit belastet und zu mehr Nachfrage an Gesundheitsleistungen führt. Gleichzeitig stößt die öffentliche Finanzierung der Gesundheitsversorgung bereits durch die alterungsbedingt steigende Nachfrage und den medizinisch-technischen Fortschritt an ihre Grenzen (European Commission, 2015).

Das Gesundheitssystem ist aufgrund seiner Klimarelevanz ein wesentlicher Ansatzpunkt für vielfältige Emissionsreduktionsstrategien (Bi & Hansen, 2018; Hernandez & Roberts, 2016; McMichael, 2013; WHO, 2015a; WHO & HCWH, 2009; Bouley u. a., 2017). Trotz entsprechender Hinweise im Österreichischen Sachstandsbericht Klimawandel (APCC, 2014b) wurde die Emissionsvermeidung des Gesundheitssektors in der österreichischen Klima- und Energiestrategie nicht angesprochen. Ebenso zeigen die Reformpapiere des Gesundheitssystems keinerlei Bezüge zum Klimawandel. Die Gesundheitsziele Österreichs sprechen zwar mit Ziel 4 die nachhaltige Gestaltung und Sicherung natürlichen Lebensgrundlagen an (Gesundheitsziele Österreich, 2018), geben allerdings keinen Hinweise auf die Notwendigkeit, die Emissionen des Gesundheitssektors zu reduzieren. Vor allem aus wirtschaftlichen Gründen haben einige Krankenhäuser in Österreich Energieeffizienzmaßnahmen gesetzt, die auch zu Emissionsreduktionen im Krankenhausbetrieb geführt haben.

Inzwischen befasst sich eine Vielzahl an überwiegend internationalen Publikationen und Initiativen mit Umwelt- und Klimaschutz in Gesundheitsorganisationen, die sich meist auf den traditionellen Umweltschutz beschränken (siehe Kap. 4.3.2). International liegen bislang einzelne *Carbon Footprint Studien* von Gesundheitssektoren vor. Diese zeigen die Bedeutung des Sektors (in den USA 10% der THG-Emissionen (Eckelman & Sherman, 2016)), aber auch, dass die Vorleistungen, in Form ihrer indirekten THG-Emissionen, die vor Ort emittierten direkten Emissionen übersteigen. Unter allen Produktgruppen verursachen die Vorleistungen der pharmazeutischen Produkte den größten Anteil (siehe Kap. 4.3.2) (hohe Übereinstimmung, mittlere Beweislage). Für Österreichs Gesundheitssektor ist zurzeit eine entsprechende Studie in Arbeit (ACRP Projekt HealthFootprint, Weisz u. a., 2018), aber generell besteht hier großer Forschungsbedarf.

Gesundheitseffekte

Die vom Gesundheitssystem erzeugten Emissionen (z. B. Feinstaubemissionen) werden auch für eine große Zahl an verlorenen gesunden Lebensjahren (DALY) verantwortlich gemacht (Eckelman & Sherman, 2016). Ein weiterer Ansatzpunkt der jüngsten Diskussion ist die Vermeidung unnötiger oder nicht-evidenzbasierter Krankenbehandlungen (im Krankenhaus), zu denen z. B. die Vermeidung von Über- und Fehlversorgung mit Medikamenten, Mehrfachdiagnosen oder Fehlbelegungen (der Krankheitsdiagnose nicht entsprechende Versorgung) zählen (McGain & Naylor, 2014). Diese Vermeidung kann neben Vorteilen für die Gesundheit zu beträchtlichen Emissionsminderungen führen (hohe Übereinstimmung, mittlere Beweislage).

Handlungsoptionen

Die Erfahrungen der NHS England (Krankenanstaltenträger) können als Ausgangspunkt für strategische Handlungsoptionen für Österreich herangezogen werden. Kernelemente sind eine Emissionsminderungsstrategie (SDU, 2009) und die nationale Kompetenz- und Koordinationsstelle „Sustainable Development Unit" (SDU, 2018), die die Umsetzung der Strategie durch Datensammlung und Informationskampagnen unterstützt.

1. Die Entwicklung einer spezifischen Klimaschutz- (und Anpassungs-) Strategie für das Gesundheitssystem als politisches Orientierungsdokument für die AkteurInnen auf Bundes-, Landes- und Organisationsebene ist notwendig. Diese kann auf internationalen Modellen (SDU, 2009, 2014) und dem Gesundheitsziel 4 aufbauen. Eine solche Strategie zielt darauf ab, THG-Emissionen des öffentlichen Gesundheitssystems zu reduzieren, Abfälle und Umweltverschmutzung zu minimieren und knappe Ressourcen bestmöglich zu nutzen. Damit kann sie an die Reformbestrebungen der Zielsteuerung Gesundheit anschließen. Als primärer Auftraggeber dieser bundesweiten Entwicklung wäre die Bundeszielsteuerungskommission in Kooperation mit dem zuständigen Bundesministerium für Nachhaltigkeit und Tourismus anzusehen. Eine solche Strategie kann neben den Zielsetzungen ein Wirkungsmodell und einen Aktionsplan für die zentralen und langfristig wichtigsten Maßnahmen vorlegen.

2. Die Einrichtung einer nationalen Koordinations-, Kompetenz- und Unterstützungsstelle für Nachhaltigkeit und Gesundheit nach Vorbild der „Sustainable Development Unit" hat sich in der Umsetzung anderer Strategien des Gesundheitssystems in Österreich bewährt (z. B. ÖPGK, Bundesinstitut für Qualität im Gesundheitswesen) und kann die Realisierung der Strategie durch Anleitungen, Praxismodelle und Öffentlichkeitsarbeit unterstützen.

3. Begleitend zur Umsetzung der Strategie ist die Entwicklung und Finanzierung einer „community of practice" mit entsprechenden, partizipativ gestalteten Austauschstrukturen der verschiedensten AkteurInnen zentral. Als Modell kann z. B. der Aufbau der ÖPGK mit ihrer Mitgliederstruktur, ihren Netzwerken, Konferenzen, Newsletter etc. herangezogen werden.

4. Das Umweltmanagement, vor allem im Krankenhaus, könnte durch die systematische (und ggf. verpflichtende) Implementation von Qualitätskriterien in die Qualitätssicherung (KAKuG) und durch Anreizmechanismen im Sinne des Bundesgesetz zur Qualität von Gesundheitsleistungen (GQG) unterstützt werden. Erfolgreiche Maßnahmen im Bereich Gebäude, Infrastruktur, Beschaffungswesens, Abfallmanagement etc. (siehe z. B. Projekte des ONGKG, 2018; Stadt Wien, 2018a) können als Ausgangspunkt für die Entwicklung der Qualitätskriterien genommen werden.

5. Nach internationalen Analysen hat die Vermeidung unnötiger oder nicht evidenzbasierter Diagnostik und Therapie großes Potenzial zur Reduktion der THG-Emissionen. Dadurch können gleichzeitig Risiken für PatientInnen und Gesundheitskosten vermieden werden (hohe Übereinstimmung, starke Beweislage). Eine systematische Einführung von „choosing wisely" bzw. „Gemeinsam klug entscheiden" (Gogol & Siebenhofer, 2016; Hasenfuß u. a., 2016) verspricht wesentliche Fortschritte bei der Vermeidung von Über-, Fehl- und Unterversorgung (Modellhafte Bsp.: AWMF, 2018; Choosing Wisely Canada, 2018; Choosing Wisely UK, 2018). Die ökonomischen und ökologischen Vermeidungspotenziale werden in ersten Abschätzungen (auch für Österreich) als sehr groß eingestuft (Berwick & Hackbarth, 2012; Sprenger u. a., 2016) (hohe Übereinstimmung, schwache Beweislage). Als umsetzungskritischer Faktor ist die gemeinsame Aushandlung der Diagnostik und Therapie zwischen den PatientInnen bzw. deren Angehörigen und dem ärztlichen Personal („shared decision making") zu betonen, die die Verbesserung der Gesprächsqualität in der Krankenbehandlung (ÖPGK, 2018) und der verfügbaren Entscheidungshilfen voraussetzt (Légaré u. a., 2016).

6. Die konsequente Umsetzung der Gesundheitsreform „Zielsteuerung Gesundheit", insbesondere die Priorisierung einer multiprofessionellen Primärversorgung sowie Gesundheitsförderung und Prävention, kann energieintensive Krankenhausbehandlungen und damit Emissionen vermeiden (hohe Übereinstimmung, schwache Beweislage). Verstärkte Gesundheitsförderung in der Krankenbehandlung (ONGKG, 2018) kann zu einem nachhaltigen und emissionsarmen Lebensstil beitragen (insbesondere gesündere Ernährung und mehr Bewegung durch aktive Mobilität). Die verstärkte Verlagerung von Krankenversorgung in die Primärversorgung kann durch Vermeidung von Überversorgung und Verkehr THG-Emissionen reduzieren (siehe Bouley u. a., 2017). Eine begleitende Forschung zu diesen klimabezogenen Effekten der Gesundheitsreform kann gesundheitspolitisch relevante Evidenz schaffen.

7. Parallel zu ersten Umsetzungsinitiativen sind Analysen klimarelevanter Prozesse im Gesundheitssystem erforderlich. Die Komplexität der Zusammenhänge kann am besten durch internationale, interprofessionelle, inter-/transdisziplinäre und praxisrelevante Forschungsvorhaben angemessen analysiert werden. Entsprechende Forschungsförderung durch den Klima- und Energiefonds, durch andere Forschungsfördereinrichtungen, durch die beteiligten Bundesministerien und durch die Bundesländer sind hier ebenso angesprochen, wie Forschungseinrichtungen im Bereich der Klima-, Gesundheits-, Sozialforschung und Ökonomie.

5.5 Systementwicklung und Transformation

5.5.1 Emissionsminderung und Anpassung an den Klimawandel in der Gesundheitsversorgung

Aus der bisherigen Bewertung lassen sich nun speziell transformationsrelevante Aspekte im Sinne einer Systementwicklung zusammenfassen. Diese knüpfen unmittelbar sowohl an die internationale Gesundheitspolitik an, die dem Zusammenhang von Klima und Gesundheit eine hohe Priorität beimisst (WHO Europe, 2017e), als auch an die „Transformation unserer Welt: die Agenda 2030 für nachhaltige Entwicklung" (United Nations, 2015) mit ihren 17 Entwicklungszielen (SDGs).

Auf einer strategischen Ebene hat sich die österreichische Gesundheitspolitik bisher nur punktuell an die gesundheitlichen Folgen des Klimawandels angepasst sowie kaum den eigenen Beitrag zur Reduktion der Emissionsminderung in den Planungsprozessen berücksichtigt (siehe Kap. 5.4.4). Erste Ansätze zur systematischen Verknüpfung von Klima und Gesundheit stellen die derzeit laufende Umsetzungsplanung für das Gesundheitsziel 4 auf Bundesebene und einzelne Anpassungsstrategien auf Länderebene dar.

1. Forschung und Evaluierung zur Anpassung des gesundheitlichen Monitoring- und Frühwarnsystems an die geänderten klimatischen Bedingungen (Kommunikationsmedien und schwer zu erreichende Zielgruppen) (hohe Übereinstimmung, mittlere Beweislage)

2. Systematische Berücksichtigung von klimabezogenen Themen in der Aus-, Weiter- und Fortbildung der Gesundheitsberufe: Neue klimabedingte Erkrankungen, Entwicklung von Gesundheits- und Klimakompetenz, Emissionsminderung im Gesundheitssektor (hohe Übereinstimmung, schwache Beweislage)

3. Die partnerschaftlichen Steuerungsstruktur „Zielsteuerung Gesundheit" bietet sehr gute, bisher nicht genutzte Ansatzpunkte für Klimaaspekte. Dies betrifft insbesondere:
   ○ Priorisierung der Primärversorgung (BMG, 2014; PrimVG, 2017): Resilienz der lokalen Bevölkerung, zielgruppenspezifische Gesundheitskompetenz (Hitze, Nahrungsmittelsicherheit, neue Infektionskrankheiten etc.), Unterstützung von Frühwarnsystemen und Krisenmanagement, Impfprogramme (hohe Übereinstimmung, mittlere Beweislage)
   ○ Priorisierung von Gesundheitsförderung und Prävention (BMGF, 2016a): Nachhaltige Lebensstile – gesunde Ernährung, mehr Bewegung durch aktive Mobilität (hohe Übereinstimmung, starke Beweislage)
   ○ Neuorganisation des Öffentlichen Gesundheitsdienstes (ÖGD): Überregionale Expertenpools für medizinisches Krisenmanagement zur raschen Intervention bei extremen Hitzeereignissen, verstärktem Auftreten von Allergenen, hochkontagiösen Erkrankungen und neuauftretenden Infektionserkrankungen (Vereinbarung Art. 15a B-VG, 2017, Art. 12) (hohe Übereinstimmung, mittlere Beweislage)
4. Eine integrierte Emissionsminderungs- und Anpassungsstrategie für das Gesundheitssystem (siehe Kap. 5.4.4)
5. Eine nationale Koordinations-, Kompetenz- und Unterstützungsstelle für Nachhaltigkeit und Gesundheit (siehe Kap. 5.4.4)

5.5.2 Politikbereichsübergreifende Zusammenarbeit

Die WHO forciert seit vielen Jahren einen politikbereichsübergreifenden Zugang als *„Health in all Policies"* oder *„Governance for health"* (Kickbusch & Behrendt, 2013; WHO, 2010b, 2014, 2015a). Dies folgt der Einsicht, dass für Bevölkerungsgesundheit neben dem Gesundheitssystem vor allem Lebens- und Arbeitsbedingungen sowie soziale Unterschiede entscheidend sind (Dahlgren & Whitehead, 1991). In dieser Tradition steht auch die Entwicklung der Gesundheitsziele Österreich (Gesundheitsziele Österreich, 2018). Dieser sehr relevante gesundheitspolitische Ansatzpunkt bietet mit seinem Umsetzungsrahmen bis zum Jahr 2032 viel Entwicklungspotenzial für die Herausforderungen von Klimawandel, demographischer Entwicklung und Gesundheit. Im aktuellen Bericht des Bundeskanzleramts wird bereits darauf hingewiesen, dass die Gesundheitsziele auch zur Erreichung vieler SDGs beitragen (BKA u. a., 2017, S. 15).

Dennoch beschränkt sich die konkrete Zusammenarbeit zwischen Gesundheitspolitik und Klimapolitik in Österreich bisher auf wenige Bereiche. Auch die WHO Europa betont in ihrem letzten Statusbericht zu Umwelt und Gesundheit in Europa (WHO Europe, 2017a), dass bisher das Haupthindernis für eine erfolgreiche Umsetzung von klimarelevanten Maßnahmen die fehlende intersektorale Kooperation auf allen Ebenen ist (hohe Übereinstimmung, starke Beweislage).

Die EU geht in ihrer Klimaanpassungsstrategie (European Commission, 2013b) und dem dazugehörigen Arbeitspapier zur Anpassung an die Auswirkungen des Klimawandels auf die Gesundheit (European Commission, 2013a) zurecht noch weiter und fordert die Integration von Gesundheit in klimabezogene Anpassungs- und Minderungsstrategien in allen anderen Sektoren, um einen besseren Nutzen für die Bevölkerungsgesundheit zu erreichen. Klimapolitik wird hier zum Motor für „Health in all Policies". Für Österreich beschränkt sich diese Zusammenarbeit auf Bundesebene bisher auf die Berichterstattung der Fachressorts an das BKA in Bezug auf die SDGs (mittlere Übereinstimmung, mittlere Beweislage).

Vor dem Hintergrund der großen Synergien zwischen Klima- und Gesundheitspolitik, insbesondere im Bereich der „health co-benefits", ist eine wesentlich stärkere strukturelle Koppelung zwischen den beiden Politikbereichen zentral. Klima und Gesundheit können auch in Bezug auf andere Sektoren, wie Bildung, Verkehr, Infrastruktur, Landwirtschaft, Soziales, Forschung, Wirtschaft etc., gemeinsam starke Argumentationen entwickeln, die politische Entscheidungen zum Wohl der Bevölkerung in diesen Bereichen ebenso wesentlich befördern. Daraus ergeben sich folgende Handlungsoptionen:

1. Strukturelle Koppelung von Klima- und Gesundheitspolitik: klare personelle Zuordnung der Kooperationsaufgaben in den einzelnen beteiligten Ressorts auf Führungs- und Fachebene, Austauschstrukturen für Klima und Gesundheit mit klarem politischen Auftrag, (zusätzlich finanzierte) Unterstützung mit fachlicher Expertise und mit Moderationskompetenzen für die komplexen partizipativen Aushandlungsprozesse, Einbeziehung nicht nur der Bundesressorts, sondern auch der Gemeinden, der zuständigen Landesstellen und der Sozialversicherungsträger, spezifische Finanzierungstöpfe für gemeinsame Umsetzungsmaßnahmen

2. Inhaltlich ist die Mitwirkung des Gesundheitssystems in der Entwicklung von klimapolitischen Strategien und Maßnahmen wesentlich, um Gesundheitsaspekte und Gesundheits-Co-Benefits zu identifizieren und Synergien zu nutzen. Zudem ist die Berücksichtigung von Klimaexpertisen in der Entwicklung der Emissionsminderungs- und Anpassungsstrategie für das Gesundheitssystem wichtig, um klimarelevante Ansatzpunkte klar zu lokalisieren (hohe Übereinstimmung, mittlere Beweislage).

3. Systematischer Einsatz der Gesundheitsfolgenabschätzung (Amegah u.a., 2013; GFA, 2018; Haigh u.a., 2015; McMichael, 2013) und Weiterentwicklung zu einem integrierten Impact Assessment im Sinne einer nachhaltigen Entwicklung (George & Kirkpatrick, 2007) unter Berücksichtigung der EU-Rahmenrichtlinie zur Umweltverträglichkeitsprüfung (Europäisches Parlament und Rat, 2014), wobei die Abwägung unterschiedlicher Interessen besonderen Augenmerkes bedarf (Smith u.a., 2010).

4. Nutzung einer gestärkten Koordination der SDG-Umsetzungsmaßnahmen für politikbereichsübergreifende Koordination und Zuständigkeiten in den einzelnen Ressorts mit spezifisch gewidmeten Finanzmitteln für substanzielle Fortschritte

5. Aufgrund der besonderen gesundheitlichen Belastung der städtischen Bevölkerung durch die Klimafolgen bedarf es einer politikbereichsübergreifenden Zusammenarbeit in der Stadtentwicklung. Auch die WHO sieht die Lebenswelt der Städte als Schwerpunkt zur Unterstützung der Bevölkerungsgesundheit in Verbindung mit der Agenda 2030 (SDG) und der Gesundheitskompetenz (WHO, 2016).

5.5.3 Transformationsprozesse, Governance und Umsetzung

Der Klimawandel ist zwar ein zentrales Problem, aber keineswegs die einzige globale ökologische Herausforderung. Andere, wie die Versauerung der Ozeane, der Verlust an Artenvielfalt, die Störung des Phosphor- und Stickstoffhaushaltes haben die gleiche Ursache: die Überbeanspruchung natürlicher Ressourcen (Steffen u.a., 2015). Die Resolution der UNO Generalversammlung „Transformation unserer Welt: die Agenda 2030 für nachhaltige Entwicklung" (United Nations, 2015) mit 17 Entwicklungszielen (SDG) und 169 Subzielen (Targets) ist ein Versuch zur Rettung des Planeten bei gleichzeitiger Beachtung sozialer und ökologischer Aspekte der Nachhaltigkeit. Im Wesentlichen besteht die Herausforderung darin, ein „gutes Leben für alle" innerhalb der ökologischen Grenzen zu ermöglichen, ohne dass diese Forderungen gegeneinander ausgespielt werden (United Nations, 2015).

Bezüglich des Klimawandels verweisen die SDGs auf die Umsetzung des Pariser Klimaabkommens. Dessen Einhaltung bedingt die Nutzung alternativer Energien und Rohstoffe (z.B. Bioökonomie, ressourcensparende Produktionsstrukturen und Infrastrukturen), aber auch Veränderungen von Produktions- und Lebensweisen (Energiewende, Mobilitätswende, Veränderung von Lebensstilen etc.). Solche Umgestaltungen haben weitreichende Auswirkungen auf Wirtschaftsstruktur, Wettbewerbsfähigkeit und Sozialstruktur (Görg u.a., 2016). Wirtschaftswachstum im bisherigen Sinn hat – vor allem wegen des Erreichens ökologischer Grenzen – als Problemlöser an Potenzial verloren (Meadows u.a., 1972; Jackson, 2012; Jackson & Webster, 2016). Der vom BMLFUW (nunmehr BMNT) initiierte Prozess „Wachstum im Wandel" versucht, diese Veränderungen gemeinsam mit Politik, Wissenschaft, Wirtschaft und Zivilgesellschaft auszuloten (Initiative Wachstum im Wandel, 2018). Zugleich erfordern der demographische Wandel und die veränderten Spielregeln in Wirtschaft und Politik Umgestaltungen in den sozialen Sicherungssystemen und in den Formen von Arbeit und Zusammenleben (siehe z. B. Hornemann & Steuernagel, 2017). Die komplexe Problematik kann nur durch eine umfassende Strategie bewältigt werden, welche die Wechselwirkungen der verschiedenen Bereiche versteht und gemeinsam adressiert (Görg u. a., 2016; Jorgensen u. a., 2015). Die Summe der notwendigen und sich gegenseitig bedingenden Veränderungen wird als Transformation oder auch als Transition bezeichnet – eine einheitliche Sprachregelung steht noch aus. Hier ist jedenfalls mit Transformation der Prozess der Veränderung gemeint, der technologischen Wandel einschließt, aber viel tiefer greift und dessen Endpunkt, abgesehen von einigen allgemeinen Kriterien, noch nicht feststeht (mittlere Übereinstimmung, schwache Beweislage).

Diese unerlässliche Transformation der Gesellschaft kann auch als Chance verstanden werden, neue Systeme und Strukturen zu schaffen, die auch in anderer Hinsicht den Zielen eines „guten Lebens für alle" besser entsprechen (Klein, 2014). Allerdings ist festzustellen, dass den besorgniserregenden naturwissenschaftlichen Analysen und Szenarien meist moderate Transformationsvorstellungen folgen, die eher inkrementell und innerhalb bestehender Systeme gedacht werden. Es scheint eine implizite, manchmal auch explizite, Annahme zu geben, dass Transformationsprozesse innerhalb des bestehenden politischen, ökonomischen, kulturellen und institutionellen Systems und mit dominanten AkteurInnen besser initiiert und verstärkt werden können (Brand, 2016). Übergreifende gesellschaftliche Transformationsprozesse gehen aber typischer Weise auch mit einer „revolutionären Veränderung der politischen Verhältnisse, der Organisationsformen der Arbeit, der Eigentumsverhältnisse, der Weltbilder, der Sozialstruktur und der Subjektivierungsformen" einher (siehe z. B. Barth u. a., 2016; Fischer-Kowalski & Haas, 2016; Leggewie & Welzer, 2009; Paech, 2012).

Derzeit fehlt es jedenfalls noch an einer allgemein akzeptierten Theorie, wie eine gesellschaftliche Transformation dieser Tiefe gelingen kann. Ein begleitender Forschungsprozess kann hilfreich sein, um Blockaden, Risiken und Fehlentwicklungen frühzeitig zu erkennen sowie positive Faktoren, wie Pioniere des Wandels, Experimente, Lernprozesse, innovative Politiken, Nischen oder lokale Nachhaltigkeitsinitiativen, zu stärken (Görg u. a., 2016). Die Transformationsprozesse, die durch den notwendigen Klimaschutz, aber auch die Digitalisierung und andere globale Entwicklungen ausgelöst werden, bedingen ebenso Veränderungen im Gesundheitssystem. Als Teil eines in der gegenwärtigen Form nicht als zukunftsfähig erachteten Sozialsystems (Hornemann & Steuernagel, 2017) wird es in den kommenden Jahren ebenfalls Transformationen unterliegen. Die derzeitigen Ansätze zur Veränderung, wie etwa das „Health in all policies"-Prinzip, der „Whole governance approach" der WHO oder das „Reorienting health systems" der „Ottawa Charta", sind notwendige und wichtige Schritte, bewegen sich aber innerhalb des bestehenden Systems. Radikaleres Umdenken würde ein Gesundheitssystem, das in all seinen Komponenten davon lebt, dass Menschen krank werden und bleiben, hinterfragen. Wohlbefinden und Gesundheit müssen das übergreifende Ziel sein, bei gleichzei-

tiger Sicherstellung von Chancengerechtigkeit für alle (mittlere Übereinstimmung, schwache Beweislage).

Die Widerstände gegen tiefgreifende Transformationen sind naturgemäß groß; Veränderungen machen immer Angst, insbesondere wenn es kein klares Bild des anzustrebenden neuen Zustandes gibt. Dies gilt insbesondere in Zeiten der Unsicherheit und erhöhter Existenzängste. Ansätze, wie das bedingungslose Grundeinkommen (Hornemann & Steuernagel, 2017) oder „Common Cause" (Crompton, 2010), ein Ansatz zur Stärkung intrinsischer Werte im Einzelnen und in der Gesellschaft, sprechen diese Problematik auf gänzlich unterschiedliche Weise an. Auch bestehende Systeme und Institutionen, wie etwa die Sozialpartnerschaft oder der Föderalismus, haben eine inhärente Erhaltungsneigung, die Veränderungen erschwert. Nicht zufällig bürden der Papst (Franziskus, 2015) und viele andere (z. B. Lietaer, 2012) die Verantwortung für Veränderung jedem Einzelnen auf. Das bedeutet nicht, dass nicht auch die Institutionen und der Staat Verantwortung tragen – im Gegenteil, bei ihnen liegt die Hauptverantwortung, aber notwendige Veränderungen können leichter erreicht werden, wenn die öffentliche Meinung diese mitträgt.

Hier kommen auch innovative Methoden der Wissenschaft ins Spiel, die Systeme nicht nur von außen beobachten und analysieren, sondern gezielt partizipative Veränderungsprozesse mit auslösen. Als Beispiel sei die FAS-Studie „Resilienz Monitor Austria" (Katzmair, 2015) genannt, die mit Zuständigen aus Verwaltung, Wirtschaft und Wissenschaft zunächst die Charakteristika resilienter Systeme erarbeitete und dann von diesen Personen die Resilienz ihres eigenen Systems bewerten ließ. Mit diesem Forschungsansatz wurde ein Ist-Zustand zur Resilienz erhoben – der sich im Übrigen relativ gut für Pandemien, aber schlecht für den Klimawandel darstellte – der jedoch zugleich einen Lernprozess bei den Verantwortlichen auslöste mit der Konsequenz einer erhöhten Systemresilienz (mittlere Übereinstimmung, mittlere Beweislage).

5.5.4 Monitoring, Wissenslücken und Forschungsbedarf

Daten zum Klimawandel und dessen Folgen

Messungen und Daten sind eine entscheidende Grundlage jeder Forschung und einer evidenzbasierten Politik, wie sie etwa im Public Health Action Cycle beschrieben wird (Rosenbrock & Hartung, 2011). Österreich hat an sich eine sehr gute Basis an Klimadaten im engeren Sinn, dennoch gibt es Bedarf an Verdichtung sowie räumlicher und inhaltlicher Ausweitung (CCCA, 2017). Das hängt in erster Linie damit zusammen, dass die Meteorologie die Messstellen so gewählt hat, dass sie möglichst standardisiert und repräsentativ für größere Gebiete sind und damit zur Beantwortung meteorologischer Fragestellungen dienen. Es wurde nicht unbedingt darauf geachtet, jene Parameter zu erfassen, die gemeinsam das Wohlbefinden des Menschen beschreiben. Daten in Siedlungsgebieten, insbesondere aber an den Orten, an denen sich Menschen aufhalten – Straßen, öffentlichen Plätzen, Innenhöfe –, sind rar. Messstellen in Städten befinden sich vorzugsweise am Stadtrand und in Parks (hohe Übereinstimmung, starke Beweislage).

Hinsichtlich der systematischen Erfassung von Klimawandelfolgen in praktisch allen Bereichen gibt es (nicht nur) in Österreich deutlichen Bedarf, wie die umfassende Studie zu den Kosten des Nicht-Handelns (Steininger u. a., 2015) deutlich aufzeigt. Auch als Grundlage für die Entscheidungsfindung, wie Anpassung an den Klimawandel aussehen soll, werden Daten benötigt. Der CCCA Science Plan 2017 (CCCA, 2017) fordert daher die Entwicklung und Umsetzung eines Konzepts zum Monitoring von Folgen des Klimawandels in allen Natursphären. Um das komplexe Zusammenwirken von direkten und indirekten Auswirkungen des Klimawandels besser verstehen zu können, wird der Aufbau und Betrieb von Testgebieten angeregt.

Daten zur Bevölkerungsgesundheit und Demographie

Österreich hat seit langem ein gut funktionierendes Meldewesen mit umfangreichen demographischen Daten. Die Zahl der Nicht-Registrierten ist in Österreich gering, allerdings gehören gerade Nicht-Registrierte häufig wirtschaftlich schwächeren Schichten mit spezifischen Gesundheitsproblemen an (hohe Übereinstimmung, starke Beweislage).

Die Erfassung der individuellen Krankengeschichten ist in Österreich sehr gut ausgebaut und mit der Digitalisierung der Gesundheitsakten werden verstreute Daten zusammengeführt und Aufzeichnungen vereinheitlicht. Die Zusammenführung von Datensätzen aus extramuraler und intramuraler Versorgung steht noch am Anfang, wurde aber für die laufende Reformperiode im Gesundheitswesen festgeschrieben. Vor allem der extramurale Bereich ist noch intransparent, wodurch das dringend notwendige (valide) Morbiditätsregister und damit ein belastbares Monitoring der Auswirkungen des Klimawandels auf die Gesundheit fehlen. Die Daten sind der Wissenschaft in der Regel zugänglich, aufgrund des strengen Datenschutzes allerdings erst nach Begutachtung des Forschungsvorhabens durch eine Ethikkommission.

Die Dokumentation der an einzelnen Krankenhäusern und anderen Gesundheitseinrichtungen durchgeführten Behandlungen ist geregelt und teilweise auch öffentlich einsehbar. Was fehlt sind (anonymisierte) Daten über Heilungserfolge und Misserfolge, insbesondere über längere Zeiträume (hohe Übereinstimmung, starke Beweislage).

Für die gegenwärtige Fragestellung noch wichtiger ist das Fehlen von Daten zum Umfeld der PatientInnen. Welche Ausbildung haben sie? Welcher Arbeit gehen sie nach? In welchen Familienverhältnissen leben sie? Wie viel Geld haben sie? Wo haben sie sich wie lange aufgehalten? Wie sieht das Wohnumfeld, wie das soziale Umfeld aus? Wie heiß wird es in der Wohnung? Welchem Lärm sind sie ausgesetzt? etc. Es ist fraglos aufwendig, diese Daten routinemäßig zu erheben, sie gehören aber ebenso wie die medizinische Anamnese zur Beschreibung der PatientInnen zu einer umfassenden Sicht auf Gesellschaft, Klimawandel und Gesundheit. Mit der digitalen Gesundheitsakte müsste es künftig möglich sein, einen Teil dieser Daten zu erheben. Ein umfassendes Bild kann jedoch nur über ein umfassendes Bevölkerungsregister erreicht werden, wie es in Skandinavien realisiert wurde (z. B. für Schweden: SND, 2017) (hohe Übereinstimmung, mittlere Beweislage) und das weltweit in Bezug auf Gesundheits- und Sozialdaten durchaus neidvoll als „Goldmine" bezeichnet wird (Webster, 2014).

Wissenslücken und Forschungsbedarf

Dieser Abschnitt fokussiert vor allem auf Wissenslücken, die sich aus der Verschneidung von Klimawandel, Demographie und Gesundheit ergeben.

In diese Kategorie gehören zunächst vergleichsweise geradlinige Aufgaben, wie Emissionserhebungen von Gesundheitsleistungen und das Aufzeigen von Minderungsmaßnahmen. *Life Cycle Analysis* Studien zu medizinischen Produkten und Produktgruppen, insbesondere für Arzmeimittel, sind bislang nur vereinzelt verfügbar. An diese schließt die Frage der ökologischen Nebenwirkungen/Klimaeffekte der Krankenbehandlung in Bezug zum Ergebnis der Krankenbehandlung an: Lohnt der Erfolg den Schaden, z. B. gemessen an *disability adjusted life years* (DALYs)?

In eine ähnliche Richtung zeigt der Bedarf an Analysen der Wirksamkeit von Überwachungs- und Frühwarnsystemen hinsichtlich Verringerung gesundheitlicher Folgen: Wie lässt sich der Erfolg von Frühwarnsystemen quantifizieren? Wenig untersucht wurden bisher Traumata infolge extremer Wetterereignisse. Schon die kontinuierliche Konfrontation mit der scheinbar unentrinnbaren Klimakatastrophe und der dabei erlebten Ohnmacht kann psychische Erkrankungen, wie Angststörungen und Depressionen, begünstigen (Swim u. a., 2009; Searle & Gow, 2010; Bourque & Willox, 2014; Ojala, 2012).

Vor allem im städtischen Bereich stellt sich einerseits die Frage nach den gesundheitlichen Wirkungen von Feinstaub unterschiedlicher Zusammensetzung und Provenienz, andererseits aber auch zu dem komplexen Zusammenspiel zwischen der Entwicklung der Empfindlichkeit der Bevölkerung und dem Klimawandel, denn nur durch eine gemeinsame und integrierte Betrachtung können Anpassungsmaßnahmen an den Klimawandel entwickelt und umgesetzt werden.

Die zunehmende Technisierung von Gebäuden zur Erhöhung der Energieeffizienz wirft die Frage nach neuen gesundheitlichen Problemen und der Netto-THG-Reduktion unter Berücksichtigung des Carbon-Footprints auf.

Über 90 Jahre nach Einführung der biologischen Landwirtschaft bei gleichzeitig wachsendem Interesse an der Qualität der Nahrung und nachdem auch in Österreich klar geworden ist, dass die Ziele des Pariser Klimaabkommens ohne Übergang zu biologischer Landwirtschaft nicht erreichbar sind, wären wissenschaftlich abgesicherte Aussagen zur Wirkung von biologisch gegenüber konventionell produzierten Nahrungsmitteln auf Nährstoffzusammensetzung und Gesundheit dringend erforderlich. Wie in anderen Bereichen der Gesundheitsforschung, die enorme wirtschaftliche Implikationen haben, wäre es hilfreich, wenn derartige Untersuchungen von unabhängigen möglichst international besetzten Konsortien nach zuvor breit diskutierten Versuchsanordnungen durchgeführt und staatlich oder überstaatlich finanziert werden würden, um die Akzeptanz der Ergebnisse zu erhöhen.

Sowohl in der medizinischen als auch in der landwirtschaftlichen Forschung wäre mehr Transparenz hinsichtlich wissenschaftlicher Fragestellungen, Versuchsanordnungen, aber auch Finanzierungsquellen erforderlich, weil in beiden Bereichen Forschung und Ausbildung in hohem Maße von Interessensgruppen getragen werden. Wenn der einzige Lehrstuhl für Tierernährung einer Universität von einem großen Futtermittelkonzern gesponsert wird, wenn Untersuchungen über die gesundheitlichen Auswirkungen von Schokolade von einem von „Mars" finanzierten Lehrstuhl betrieben werden, können – berechtigt oder unberechtigt – Zweifel an der notwendigen Unabhängigkeit in der Wahl der Forschungsthemen und in den Ergebnissen aufkommen. Die zunehmende Abhängigkeit der Forschung von der Wirtschaft und die sich daraus ergebende undurchsichtige Interessenslage wird immer häufiger in den Universitäten (z. B. Zürcher Appell, 2013) und in der Gesellschaft als Problem gesehen (Kreiß, 2015). Die Klimawissenschaft kennt ebenfalls von der Industrie beeinflusste Publikationen und Stellungnahmen (Oreskes & Conway, 2009). Sie reagiert darauf mit breit angelegten und transparenten Assessments (IPCC, APCC).

Viele Aspekte der Anpassung an die gesundheitlichen Folgen des Klimawandels, aber auch der Emissionsreduktion, hängen eng mit sozialen, kulturellen, regionalen Kontexten und Voraussetzungen der Menschen und Gemeinschaften zusammen. Forschung, die sozioökonomische Bedingungen von Gesundheit und Klimaschutz in der notwendigen Differenziertheit betrachtet, ist daher wichtig.

Ökonomische Evaluierungen von gesundheitlichem Nutzen und (Gesundheits-)Kosten spezifischer (Klimaschutz-) Maßnahmen sind kaum verfügbar, sodass diese in der Bewertung nicht berücksichtigt werden (Steininger u. a., 2015). Die enormen Kostensteigerungen durch technologische und medikamentöse Weiterentwicklungen, die zwar lebensverlängernd wirken können, häufig aber keine hinreichende Lebensqualität bieten, erfordern eine gesellschaftliche Diskussion der emotionalen und ethischen Implikationen.

Ein weiterer Forschungsbereich sind geeignete Transformationspfade, die auch Akzeptanz in der Bevölkerung erzielen. Selbst wenn klar ist, was sowohl aus gesundheitlicher als auch aus Klimasicht erreicht werden soll – z. B. geringerer Fleischkonsum, weniger Flugverkehr oder dichtere Wohnstrukturen – bleibt doch die Frage offen, wie die Maßnahmen konkret ausgestaltet werden können, um die Bevölkerung und die Entscheidungstragenden dafür zu gewinnen und wie Nachteile vermieden und Chancen genutzt werden können.

Daran schließt unmittelbar die Frage nach geeigneter Kommunikation der komplexen und oft auch unbequemen Zusammenhänge an. Hier finden sich in der internationalen Literatur sehr unterschiedliche, einander teils widersprechende Ansätze, die dringend einer Auflösung bedürfen: Fehlen geeignete Visionen? Geht es um richtiges Framing (Wehling, 2016)? Geht es ausschließlich um „elite nudges", Vorgaben der jeweils als Elite empfundenen Gruppen (Roberts, 2017)? Oder glauben die WissenschafterInnen selbst nicht, was sie wissen (Horn, 2014)? Diese Fragen, obwohl in den genannten Literaturzitaten auf das Klimaproblem bezogen, gelten in ähnlicher Weise für die Gesundheit (Holmes u. a., 2017), z. B. für die sogenannten Zivilisationskrankheiten, die weniger mit Medikamenten als mit Lebensstiländerungen zu verhindern bzw. zu bekämpfen wären.

Schließlich ist das von Brand (2016) monierte radikalere Denken zumindest in der Wissenschaft einzufordern. Das Gesundheitssystem als sozioökonomischer Akteur wird bislang kaum wissenschaftlich untersucht, wäre aber ein wichtiger Ansatzpunkt für Transformation. In Sachen Transformation läuft derzeit die Praxis der Wissenschaft voraus; unzählige Systeme und Strukturen entstehen weltweit (auch in Österreich) und werden einem Praxistest unterworfen: von alternativen Geldsystemen und Tauschkreisen, über gemeinwohlorientierte Banken, Versicherungen und Wohnraumerrichtungsgruppen bis hin zur Slow Food und Slow City Bewegung und den Transition Towns. Die Forschung ist aufgerufen, ihre Fachkompetenzen in inter- und transdisziplinären Projekten zu bündeln und sich mit diesen Entwicklungen hinsichtlich ihrer Relevanz für die menschliche Gesundheit unter Einfluss des Klimawandels zu befassen, vorausschauend ihr Potenzial abzuschätzen, hinderliche und förderliche Faktoren zu thematisieren und gegebenenfalls rechtzeitig auf Fehlentwicklungen hinzuweisen und zugleich eine Theorie der Transformation zu entwickeln, die in den schwierigen Prozess, einen gangbaren Weg zu finden, unterstützend eingreifen kann. Dieses Wissen auch in die forschungsgeleitete Lehre und somit in die Aus- und Weiterbildung sowie in politische Prozesse einzubringen, kann die Transformation beschleunigen.

Literaturverzeichnis

Abrams, M. A., Kurtz-Rossi, S., Riffenburgh, A., & Savage, B. (2014). Buidling Health Literate Organizations: A Guidebook to Achieving Organizational Change. Unity Point Health. Abgerufen von https://www.unitypoint.org/filesimages/Literacy/Health%20Literacy%20Guidebook.pdf

Acemoglu, D., & Restrepo, P. (2018). The Race between Man and Machine: Implications of Technology for Growth, Factor Shares, and Employment. American Economic Review, 108(6), 1488–1542. https://doi.org/10.1257/aer.20160696

AGES - Österreichische Agentur für Gesundheit und Ernährungssicherheit GmbH. (2015). Helfen Sie mit, die Gelsen einzudämmen! Abgerufen von https://www.ages.at/download/0/0/e47584ec28bad479d34c9c918d-755d7ed30817e4/fileadmin/AGES2015/Themen/Krankheitserreger_Dateien/West_Nil/Folder-Gelsen_WEB.PDF

AGES - Österreichische Agentur für Gesundheit und Ernährungssicherheit GmbH. (2018a). Ambrosia - Ambrosia artemisiifolia. Abgerufen 30. August 2018, von www.ages.at/themen/schaderreger/ragweed-oder-traubenkraut

AGES - Österreichische Agentur für Gesundheit und Ernährungssicherheit GmbH. (2018b). Österreichweites Gelsen-Monitoring der AGES. Abgerufen 30. August 2018, von https://www.ages.at/themen/ages-schwerpunkte/vektoruebertragene-krankheiten/gelsen-monitoring

Alverti, M., Hadjimitsis, D., Kyriakidis, P., & Serraos, K. (2016). Smart city planning from a bottom-up approach: local communities' intervention for a smarter urban environment. In Fourth International Conference on Remote Sensing and Geoinformation of the Environment (RSCy2016) (Bd. 9688, S. 968819). International Society for Optics and Photonics. https://doi.org/10.1117/12.2240762

Ambrosia. (2018). Ambrosia. Abgerufen 30. August 2018, von http://www.ambrosia.ch/

Amegah, T., Amort, F. M., Antes, G., Haas, S., Knaller, C., Peböck, M., … Wolschlager, V. (2013). Gesundheitsfolgenabschätzung. Leitfaden für die Praxis. Wien: Bundesministerium für Gesundheit.

Anzenberger, J., Bodenwinkler, A., & Breyer, E. (2015). Migration und Gesundheit. Literaturbericht zur Situation in Österreich. Wissenschaftlicher Ergebnisbericht. Wien: Gesundheit Österreich GmbH. Abgerufen von https://media.arbeiterkammer.at/wien/PDF/studien/Bericht_Migration_und_Gesundheit.pdf

APCC - Austrian Panel on Climate Change. (2014). Österreichischer Sachstandsbericht Klimawandel 2014: Austrian assessment report 2014 (AAR14). Wien: Verlag der Österreichischen Akademie der Wissenschaften.

AWMF - Arbeitsgemeinschaft der Wissenschaftlichen Medizinischen Fachgesellschaften. (2018). Gemeinsam Klug Entscheiden. Abgerufen 30. August 2018, von https://www.awmf.org/medizin-versorgung/gemeinsam-klug-entscheiden.html

Barth, T., Jochum, G., & Littig, B. (Hrsg.). (2016). Nachhaltige Arbeit. Soziologische Beiträge zur Neubestimmung der gesellschaftlichen Naturverhältnisse. Frankfurt/Main, New York: Campus Verlag.

Becker, N., Huber, K., Pluskota, B., & Kaiser, A. (2011). Ochlerotatus japonicus japonicus–a newly established neozoan in Germany and a revised list of the German mosquito fauna. European Mosquito Bulletin, 29, 88–102.

Beermann, S., Rexroth, U., Kirchner, M., Kühne, A., Vygen, S., & Gilsdorf, A. (2015). Asylsuchende und Gesundheit in Deutschland: Überblick über epidemiologisch relevante Infektionskrankheiten. Deutsches Ärzteblatt, 112(42), A1717–A1720.

Berkman, N. D., Sheridan, S. L., Donahue, K. E., Halpern, D. J., & Crotty, K. (2011). Low health literacy and health outcomes: an updated systematic review. Annals of Internal Medicine, 155, 97–107. https://doi.org/10.7326/0003–4819-155-2-201107190-00005

Berwick, D. M., & Hackbarth, A. D. (2012). Eliminating waste in US health care. JAMA, 307(14), 1513–1516. https://doi.org/10.1001/jama.2012.362

Bi, P., & Hansen, A. (2018). Carbon emissions and public health: an inverse association? The Lancet Planetary Health, 2(1), e8–e9. https://doi.org/10.1016/s2542-5196(17)30177–8

BKA, BMEIA, BMASK, BMB, BMGF, BMF, … Statistik Austria. (2017). Beiträge der Bundesministerien zur Umsetzung der Agenda 2030 für nachhaltige Entwicklung durch Österreich. Wien: Bundeskanzleramt Österreich. Abgerufen von http://archiv.bka.gv.at/DocView.axd?CobId=65724

Black, R., Adger, N., Arnell, N., Dercon, S., Geddes, A., & Thomas, D. (2011). Migration and global environmental change: Future challenges and opportunities. Final Project Report. London: The Government Office for Science. Abgerufen von http://eprints.soas.ac.uk/22475/1/11–1116-migration-and-global-environmental-change.pdf

Black, R., Bennett, S. R. G., Thomas, S. M., & Beddington, J. R. (2011). Climate change: Migration as adaptation. Nature, 478, 447–449.

BMG - Bundesministerium für Gesundheit. (2014). "Das Team rund um den Hausarzt". Konzept zur multiprofessionellen und interdisziplinären Primärversorgung in Österreich. Wien: Bundesgesundheitsagentur & Bundesministerium für Gesundheit. Abgerufen von https://www.bmgf.gv.at/cms/home/attachments/1/2/6/CH1443/CMS1404305722379/primaerversorgung.pdf

BMGF - Bundesministerium für Gesundheit und Frauen. (2016a). Gesundheitsförderungsstrategie im Rahmen des

Bundes-Zielsteuerungsvertrags. Wien: Bundesministerium für Gesundheit und Frauen. Abgerufen von https://www.bmgf.gv.at/cms/home/attachments/4/1/4/CH1099/CMS1401709162004/gesundheitsfoerderungsstrategie.pdf

BMGF - Bundesministerium für Gesundheit und Frauen. (2016b). Verbesserung der Gesprächsqualität in der Krankenversorgung. Strategie zur Etablierung einer patientenzentrierten Kommunikationskultur. Wien: Bundesministerium für Gesundheit und Frauen. Abgerufen von https://www.bmgf.gv.at/cms/home/attachments/8/6/7/CH1443/CMS1476108174030/strategiepapier_verbesserung_gespraechsqualitaet.pdf

BMGF - Bundesministerium für Gesundheit und Frauen. (2017a). Anzeigepflichtige Krankheiten in Österreich. Wien: Bundesministerium für Gesundheit und Frauen. Abgerufen von https://www.bmgf.gv.at/cms/home/attachments/5/7/7/CH1644/CMS1487675789709/liste_anzeigepflichtige_krankheiten_in__oesterreich.pdf

BMGF - Bundesministerium für Gesundheit und Frauen. (2017b). Gesundheitsziel 1: Gesundheitsförderliche Lebens- und Arbeitsbedingungen für alle Bevölkerungsgruppen durch Kooperation aller Politik- und Gesellschaftsbereiche schaffen. Bericht der Arbeitsgruppe. Aufl. Ausgabe April 2017. Wien: Bundesministerium für Gesundheit und Frauen. Abgerufen von https://gesundheitsziele-oesterreich.at/website2017/wp-content/uploads/2017/05/bericht-arbeitsgruppe-1-gesundheitsziele-oesterreich.pdf

BMGF - Bundesministerium für Gesundheit und Frauen. (2017c). Gesundheitsziel 2: Für gesundheitliche Chancengerechtigkeit zwischen den Geschlechtern und sozioökonomischen Gruppen unabhängig von Herkunft und Alter sorgen. Bericht der Arbeitsgruppe. Aufl. Ausgabe April 2017. Wien: Bundesministerium für Gesundheit und Frauen. Abgerufen von https://gesundheitsziele-oesterreich.at/website2017/wp-content/uploads/2017/11/gz_2_endbericht_update_2017.pdf

BMGF - Bundesministerium für Gesundheit und Frauen. (2017d). Gesundheitsziel 3: Gesundheitskompetenz der Bevölkerung stärken. Bericht der Arbeitsgruppe. Aufl. Ausgabe April 2017. Wien: Bundesministerium für Gesundheit und Frauen. Abgerufen von https://gesundheitsziele-oesterreich.at/website2017/wp-content/uploads/2017/05/bericht-arbeitsgruppe-3-gesundheitsziele-oesterreich.pdf

BMGF - Bundesministerium für Gesundheit und Frauen. (2017e). Gesundheitsziele Österreich. Richtungsweisende Vorschläge für ein gesünderes Österreich – Langfassung (Report). Wien: Bundesministerium für Gesundheit und Frauen. Abgerufen von https://gesundheitsziele-oesterreich.at/website2017/wp-content/uploads/2018/08/gz_langfassung_2018.pdf

BMGF - Bundesministerium für Gesundheit und Frauen. (2017f). Österreichischer Ernährungsbericht 2017. Wien: Bundesministerium für Gesundheit und Frauen. Abgerufen von https://www.bmgf.gv.at/cms/home/attachments/9/5/0/CH1048/CMS1509620926290/erna_hrungsbericht2017_web_20171018.pdf

BMG - Bundesministerium für Gesundheit. (2017g). Lebensmittelsicherheitsbericht 2016. Zahlen, Daten, Fakten aus Österreich. Bericht nach § 32 Abs. 1 LMSVG. Wien. Abgerufen von https://www.verbrauchergesundheit.gv.at/lebensmittel/lebensmittelkontrolle/Lebensmittelsicherheitsbericht_2016.pdf

BMGF - Bundesministerium für Gesundheit und Frauen. (2017h). Childhood Obesity Surveillance Initiative (COSI). Bericht Österreich 2017. Wien: Bundesministerium für Gesundheit und Frauen. Abgerufen von https://www.bmgf.gv.at/cms/home/attachments/8/3/3/CH1048/CMS1509621215790/cosi_2017_20171019.pdf

BMGF - Bundesministerium für Gesundheit und Frauen. (2018). Die Österreichische Ernährungspyramide. Abgerufen 30. August 2018, von https://www.bmgf.gv.at/home/Ernaehrungspyramide

BMLFUW - Bundesministerium für Land- und Forstwirtschaft, Umwelt und Wasserwirtschaft. (2015). CO_2-Monitoring PKW 2015. Bericht über die CO_2-Emissionen neu zugelassener PKW in Österreich. Wien: Bundesministerium für Land- und Forstwirtschaft, Umwelt und Wasserwirtschaft. Abgerufen von https://www.bmnt.gv.at/dam/jcr:def569d0-1c97-4701-90ef-0a8e12119115/CO_2-Monitoring_Pkw%202016.pdf

BMLFUW - Bundesministerium für Land- und Forstwirtschaft, Umwelt und Wasserwirtschaft. (2017a). Die österreichische Strategie zur Anpassung an den Klimawandel. Teil 1 - Kontext. Wien: Bundesministerium für Land- und Forstwirtschaft, Umwelt und Wasserwirtschaft. Abgerufen von https://www.bmnt.gv.at/dam/jcr:b471ccd8-cb97-4463-9e7d-ac434ed78e92/NAS_Kontext_MR%20beschl_(inklBild)_18112017(150ppi)%5B1%5D.pdf

BMLFUW - Bundesministerium für Land- und Forstwirtschaft, Umwelt und Wasserwirtschaft. (2017b). Die österreichische Strategie zur Anpassung an den Klimawandel. Teil 2 - Aktionsplan. Handlungsempfehlungen für die Umsetzung. Wien: Bundesministerium für Land- und Forstwirtschaft, Umwelt und Wasserwirtschaft. Abgerufen von https://www.bmnt.gv.at/dam/jcr:9f582bfd-77cb-4729-8cad-dd38309c1e93/NAS_Aktionsplan_MR_Fassung_final_18112017%5B1%5D.pdf

Bonnie, D., & Tyler, G. (2009). Confronting a rising tide: A proposal for a convention on Climate change refugees. The Harvard Environmental Law Review, 33(2), 349–403.

Bouchama, A., Dehbi, M., Mohamed, G., Matthies, F., Shoukri, M., & Menne, B. (2007). Prognostic factors in heat wave–related deaths: a meta-analysis. Archives of Internal Medicine, 167(20), 2170–2176. https://doi.org/10.1001/archinte.167.20.ira70009

Bouley, T., Roschnik, S., Karliner, J., Wilburn, S., Slotterback, S., Guenther, R., … Torgeson, K. (2017). Climate-smart healthcare: low-carbon and resilience strategies for the health sector. Washington D.C.: The World Bank. Abgerufen von http://documents.worldbank.org/curated/en/322251495434571418/Climate-smart-healthcare-low-carbon-and-resilience-strategies-for-the-health-sector

Bourque, F., & Willox, A. C. (2014). Climate change: The next challenge for public mental health? International Review of Psychiatry, 26(4), 415–422. https://doi.org/10.3109/09540261.2014.925851

Bowler, D. E., Buyung-Ali, L. M., Knight, T. M., & Pullin, A. S. (2010). A systematic review of evidence for the added benefits to health of exposure to natural environments. BMC Public Health, 10(1), 456. https://doi.org/10.1186/1471–2458-10-456

Bowles, D. C., Butler, C. D., & Morisetti, N. (2015). Climate change, conflict and health. Journal of the Royal Society of Medicine, 108(10), 390–395. https://doi.org/10.1177/0141076815603234

Brach, C., Keller, D., Hernandez, L. M., Baur, C., Parker, R., Dreyer, B., … Schillinger, D. (2012). Ten Attributes of Health Literate Health Care Organizations. Washington D.C.: Institute of Medicine of the National Academies. Abgerufen von https://nam.edu/wp-content/uploads/2015/06/BPH_Ten_HLit_Attributes.pdf

Brand, U. (2016). Sozial-ökologische Transformation. In S. Bauriedl (Hrsg.), Wörterbuch Klimadebatte (S. 277–282). Bielefeld: Transcript.

Brasseur, G. P., Jacob, D., & Schuck-Zöller, S. (Hrsg.). (2017). Klimawandel in Deutschland. Berlin, Heidelberg: Springer Spektrum.

Brockway, P. (2009). Carbon measurement in the NHS: Calculating the first consumption-based total carbon footprint of an NHS Trust. (Dissertation). De Montfort University, Leicester. Abgerufen von https://www.dora.dmu.ac.uk/xmlui/handle/2086/3961

Buekers, J., Dons, E., Elen, B., & Luc, I. P. (2015). A health impact model for modal shift from car use to cycling or walking in Flanders. Application to two bicycle highways. Journal of Transport & Health, 2(4), 549–562. https://doi.org/10.1016/j.jth.2015.08.003

Bürger, C. (2017). Ernährungsempfehlungen in Österreich Analyse von Webinhalten der Bundesministerien BMG und BMLFUW hinsichtlich Co-Benefits zwischen gesunder und nachhaltiger Ernährung (Master Thesis). Alpen-Adria Universität, Wien. Abgerufen von https://www.aau.at/wp-content/uploads/2018/01/WP173web.pdf

Butler, C. (2016). Sounding the Alarm: Health in the Anthropocene. International Journal of Environmental Research and Public Health, 13(7), 665. https://doi.org/10.3390/ijerph13070665

Butler, C. D., & Harley, D. (2010). Primary, secondary and tertiary effects of eco-climatic change: the medical response. Postgraduate Medical Journal, 86(1014), 230–234. https://doi.org/10.1136/pgmj.2009.082727

Cadar, D., Maier, P., Muller, S., Kress, J., Chudy, M., Bialonski, A., … Schmidt-Chanasit, J. (2017). Blood donor screening for West Nile virus (WNV) revealed acute Usutu virus (USUV) infection, Germany, September 2016. Eurosurveillance, 22(14), 30501. https://doi.org/10.2807/1560–7917.ES.2017.22.14.30501

Carey, B. (2016). ICAO's Carbon-Offsetting Scheme Not Adequate, Groups Say. Abgerufen 11. September 2018, von https://www.ainonline.com/aviation-news/air-transport/2016–09-15/icaos-carbon-offsetting-scheme-not-adequate-groups-say

CCCA - Climate Change Centre Austria. (2017). Science Plan zur strategischen Entwicklung der Klimaforschung in Österreich. Wien: Climate Change Centre Austria. Abgerufen von https://www.ccca.ac.at/fileadmin/00_DokumenteHauptmenue/03_Aktivitaeten/Science_Plan/CCCA_Science_Plan_2_Auflage_20180326.pdf

Chemnitz, C., & Weigel, J. (2015). Bodenatlas. Daten und Fakten über Acker, Land und Erde. Berlin: Böll Stiftung. Abgerufen von https://www.boell.de/sites/default/files/bodenatlas2015_iv.pdf

Chimani, B., Heinrich, G., Hofstätter, M., Kerschbaumer, M., Kienberger, S., Leuprecht, A., … Truhetz, H. (2016). Klimaszenarien für das Bundesland Wien bis 2100. Factsheet, Version 1. Wien: CCCA Data Centre Vienna. Abgerufen von https://data.ccca.ac.at/dataset/oks15_factsheets_klimaszenarien_fur_das_bundesland_wien-v01/resource/0218e9b1-4a68-4ca7-8e02-ab124a40d2e0

Choosing Wisely Canada. (2018). Homepage. University of Toronto, Canadian Medical Association and St. Michael's Hospital. Abgerufen 11. März 2018, von https://choosingwiselycanada.org/

Choosing Wisely UK. (2018). Homepage. Academy of Medical Royal Colleges. Abgerufen 11. März 2018, von http://www.choosingwisely.co.uk/

Chung, J. W., & Meltzer, D. O. (2009). Estimate of the Carbon Footprint of the US Health Care Sector. JAMA, 302(18), 1970–1972. https://doi.org/10.1001/jama.2009.1610

Clayton, S., Manning, C. M., Krygsman, K., & Speiser, M. (2017). Mental Health and Our Changing Climate: Impacts, Implications, and Guidance. Washington D.C.: American Psychological Association, ecoAmerica. Abgerufen von https://www.apa.org/news/press/releases/2017/03/mental-health-climate.pdf

ClimBHealth. (2017). Climate and Health Co-benefits from Changes in Diet. Abgerufen 29. August 2018, von https://www.ccca.ac.at/home/

Crompton, T. (2010). Common Cause. A case for working with our values. WWF. Abgerufen von https://assets.wwf.org.uk/downloads/common_cause_report.pdf

Dahlgren, G., & Whitehead, M. (1991). Policies and strategies to promote social equity in health. Stockholm: Institute for Futures Studies. Abgerufen von https://core.ac.uk/download/pdf/6472456.pdf

D'Amato, G., Cecchi, L., D'Amato, M., & Annesi-Maesano, I. (2014). Climate change and respiratory diseases. European Respiratory Review, 23, 161–169. https://doi.org/10.1183/09059180.00001714

Damyanovic, D., Fuchs, B., Reinwald, F., Pircher, E., Allex, B., Eisl, J., … Hübl, J. (2014). GIAKlim - Gender Impact Assessment im Kontext der Klimawandelanpassung und Naturgefahren. Endbericht von StartClim2013.F,. Wien: BMLFUW, BMWFW, ÖBF, Land Oberösterreich. Abgerufen von http://www.startclim.at/fileadmin/user_upload/StartClim2013_reports/StCl2013F_lang.pdf

Dawson, W., Moser, D., Van Kleunen, M., Kreft, H., Pergl, J., Pysek, P., … Blackburn, T. M. (2017). Global hotspots and correlates of alien species richness across taxonomic groups. Nature Ecology and Evolution, 1(7), 0186. https://doi.org/10.1038/s41559-017-0186

Daxbeck, H., Ehrlinger, D., De Neef, D., & Weineisen, M. (2011). Möglichkeiten von Großküchen zur Reduktion ihrer CO_2-Emissionen (Maßnahmen, Rahmenbedingungen und Grenzen) – Sustainable Kitchen. Projekt SUKI. 5. Zwischenbericht (Vers. 0.3.1). Wien: Ressourcen Management Agentur (RMA). Abgerufen von http://www.rma.at/sites/new.rma.at/files/SUKI%20%20Methodenpapier%20Energieverbrauch.pdf

Dell, M., Jones, B. F., & Olken, B. A. (2009). Temperature and Income: Reconciling New Cross-Sectional and Panel Estimates. American Economic Review, 99(2), 198–204. https://doi.org/10.1257/aer.99.2.198

Dill, J., Mohr, C., & Ma, L. (2014). How Can Psychological Theory Help Cities Increase Walking and Bicycling? Journal of the American Planning Association, 80(1), 36–51. https://doi.org/10.1080/01944363.2014.934651

Du, M., Tugendhaft, A., Erzse, A., & Hofman, K. J. (2018). Sugar-Sweetened Beverage Taxes: Industry Response and Tactics. Yale Journal of Biology and Medicine, 91(2), 185–190.

Duscher, G. G., Feiler, A., Leschnik, M., & Joachim, A. (2013). Seasonal and spatial distribution of ixodid tick species feeding on naturally infested dogs from Eastern Austria and the influence of acaricides/repellents on these parameters. Parasites & Vectors, 6(1), 76. https://doi.org/10.1186/1756-3305-6-76

Duscher, G. G., Hodžić, A., Weiler, M., Vaux, A. G. C., Rudolf, I., Sixl, W., … Hubálek, Z. (2016). First report of Rickettsia raoultii in field collected Dermacentor reticulatus ticks from Austria. Ticks and Tick-borne Diseases, 7(5), 720–722. https://doi.org/10.1016/j.ttbdis.2016.02.022

ECDC - European Centre for Disease Prevention and Control. (2010). Climate change and communicable diseases in the EU Member States. Handbook for national vulnerability, impact and adaptation assessments. Stockholm: ECDC. Abgerufen von http://ecdc.europa.eu/en/publications/Publications/1003_TED_handbook_climate-change.pdf

ECDC - European Centre for Disease Prevention and Control. (2017). Vector control with a focus on Aedes aegypti and Aedes albopictus mosquitoes: literature review and analysis of information. Stockholm: ECDC. Abgerufen von http://ecdc.europa.eu/sites/portal/files/documents/Vector-control-Aedes-aegypti-Aedes-albopictus.pdf

Eckelman, M. J., & Sherman, J. (2016). Environmental Impacts of the U.S. Health Care System and Effects on Public Health. PLoS ONE, 11(6), e0157014. https://doi.org/10.1371/journal.pone.0157014

Edenhofer, O., Knopf, B., & Luderer, G. (2013). Reaping the benefits of renewables in a nonoptimal world. Proceedings of the National Academy of Sciences, 110(29), 11666–11667. https://doi.org/10.1073/pnas.1310754110

Edenhofer, O., Pichs-Madruga, R., Sokona, Y., Kadner, S., Minx, J., & Brunner, S. (2014). Climate Change 2014: Mitigation of Climate Change Technical Summary. Cambridge, New York: Cambridge University Press. Abgerufen von https://www.ipcc.ch/pdf/assessment-report/ar5/wg3/ipcc_wg3_ar5_technical-summary.pdf

Eder, F., & Hofmann, F. (2012). Überfachliche Kompetenzen in der österreichischen Schule: Bestandsaufnahme, Implikationen, Entwicklungsperspektiven. In H.-P. Barbara (Hrsg.), Nationaler Bildungsbericht Österreich 2012. Band 2. Fokussierte Analysen bildungspolitischer Schwerpunktthemen (S. 71–109). Graz: Leykam. Abgerufen von https://www.bifie.at/nbb2012/

Eichler, K., Wieser, S., & Brügger, U. (2009). The costs of limited health literacy: a systematic review. International Journal of Public Health, 54, 313. https://doi.org/10.1007/s00038-009-0058-2

Eis, D., Helm, D., Laußmann, D., & Stark, K. (2010). Klimawandel und Gesundheit. Ein Sachstandsbericht. Berlin: Robert Koch-Institut.

ELTF - California State Superintendent of Public Instruction Tom Torlakson's statewide Environmental Literacy Task Force. (2015). A Blueprint for Environmental Literacy: Educating Every Student In, About, and For the Environment (ELTF). Redwood City: Californians Dedicated to Education Foundation. Abgerufen von https://www.cde.ca.gov/pd/ca/sc/documents/environliteracyblueprint.pdf

Europäisches Parlament und Rat. (2014). Richtlinie 2014/52/EU vom 16. April 2014 zur Änderung der Richtlinie 2011/92/EU über die Umweltverträglichkeitsprüfung bei bestimmten öffentlichen und privaten Projekten, Amtsblatt L124. Abgerufen von https://eur-lex.europa.eu/legal-content/de/TXT/PDF/?uri=OJ:L:2014:124:FULL

European Commission. (2013a). Adaptation to climate change impacts on human, animal and plant health. Commission Staff Working Document. Abgerufen von https://ec.europa.eu/clima/sites/clima/files/adaptation/what/docs/swd_2013_136_en.pdf

European Commission. (2013b). The EU Strategy on adaptation to climate change. Brüssel: European Commission. Abgerufen von https://ec.europa.eu/clima/policies/adaptation/what_en#tab-0-1

European Commission. (2015). The 2015 Ageing Report: Economic and budgetary projections for the 28 EU Member States (2013–2060). Brüssel: Directorate-General for Economic and Financial Affairs. Abgerufen von http://ec.europa.eu/economy_finance/publications/european_economy/2015/pdf/ee3_en.pdf

European Commission. (2017). Reducing Emissions from Aviation. Abgerufen 27. September 2017, von https://ec.europa.eu/clima/policies/transport/aviation_en

European Parliament. (2017). Report on women, gender equality and climate justice (2017/2086(INI)). Committee on Women's Rights and Gender Equality (No. A8-0403/2017). Brüssel: European Parliament 2014–2019. Abgerufen von http://www.europarl.europa.eu/sides/getDoc.do?pubRef=-//EP//NONSGML+REPORT+A8-2017-0403+0+DOC+PDF+V0//EN

Ezzati, M., & Lin, H.-H. (2010). Health benefits of interventions to reduce greenhouse gases. The Lancet, 375(9717), 804. https://doi.org/10.1016/S0140-6736(10)60342-X

FAO - Food and Agriculture Organization. (2009). The state of Food and Agriculture – Livestock in the balance. Rom: FAO. Abgerufen von http://www.fao.org/docrep/012/i0680e/i0680e01.pdf

Fargione, J., Hill, J., Tilman, D., Polasky, S., & Hawthorne, P. (2008). Land Clearing and the Biofuel Carbon Debt. Science, 319(5867), 1235–1238. https://doi.org/10.1126/science.1152747

FGÖ - Fonds Gesundes Österreich. (2016). FGÖ-Strategie „Gesundheitliche Chancengerechtigkeit 2021". Abgerufen von http://fgoe.org/sites/fgoe.org/files/2017-10/2016-08-19_0.pdf

Fischer-Kowalski, M., & Haas, W. (2016). Towards a socioecological theory of human labour. In H. Haberl, M. Fischer-Kowalski, F. Krausmann, & V. Winiwarter (Hrsg.), Social Ecology: Society-nature Relations across Time and Space (S. 169–196). Cham, Heidelberg, New York, Dordrecht, London: Springer International Publishing.

Fitzmaurice, C., Allen, C., Barber, R. M., Barregard, L., Bhutta, Z. A., Brenner, H., … Naghavi, M. (2017). Global, Regional, and National Cancer Incidence, Mortality, Years of Life Lost, Years Lived With Disability, and Disability-Adjusted Life-years for 32 Cancer Groups, 1990 to 2015: A Systematic Analysis for the Global Burden of Disease Study. JAMA Oncology, 3(4), 524–548.

Focks, D. A., Daniels, E., Haile, D. G., & Keesling, J. E. (1995). A Simulation-Model of the Epidemiology of Urban Dengue Fever - Literature Analysis, Model Development, Preliminary Validation, and Samples of Simulation Results. American Journal of Tropical Medicine and Hygiene, 53(5), 489–506. https://doi.org/10.4269/ajtmh.1995.53.489

Food Guide Consultation. (2018). Summary of Guiding Principles and Recommendations. Government of Canada. Abgerufen 18. März 2018, von https://www.foodguideconsultation.ca/guiding-principles-summary

Forzieri, G., Cescatti, A., Batista e Silva, F., & Feyen, L. (2017). Increasing risk over time of weather-related hazards to the European population: a data-driven prognostic study. The Lancet Planetary Health, 1(5), e200–e208. https://doi.org/10.1016/S2542-5196(17)30082-7

Frank, J. R. (Hrsg.). (2005). The CanMEDS 2005 Physician Competency Framework. Better standards. Better physicians. Better care. Ottawa: The Royal College of Physicians and Surgeons of Canada.

Frank, U., Ernst, D., Pritsch, K., Pfeiffer, C., Trognitz, F., & Epstein, M. M. (2017). Aggressive Ambrosia-Pollen auf dem Vormarsch. Oekoskop, 17(2), 19–21.

Franziskus, P. (2015). Laudato Si: Enzyklika. Über die Sorge für das gemeinsame Haus. Rom: Libreria Editrice Vaticana. Abgerufen von https://www.dbk.de/fileadmin/redaktion/diverse_downloads/presse_2015/2015-06-18-Enzyklika-Laudato-si-DE.pdf

Friel, S., Dangour, A. D., Garnett, T., Lock, K., Chalabi, Z., Roberts, I., … Haines, A. (2009). Public health benefits of strategies to reduce greenhouse-gas emissions: food and agriculture. The Lancet, 374(9706), 2016–2025. https://doi.org/10.1016/S0140-6736(09)61753-0

Fritz, D., Heinfellner, H., Lichtblau, G., Pölz, W., & Stranner, G. (2017). Update: Ökobilanz alternativer Antriebe. Wien: Umweltbundesamt. Abgerufen von www.umweltbundesamt.at/fileadmin/site/publikationen/DP152.pdf

Frumkin, H., Hess, J., Luber, G., Malilay, J., & McGeehin, M. (2008). Climate Change: The Public Health Response. American Journal of Public Health, 98(3), 435–445. https://doi.org/10.2105/AJPH.2007.119362

Gakidou, E., Afshin, A., Abajobir, A. A., Abate, K. H., Abbafati, C., Abbas, K. M., … Murray, C. J. L. (2017). Global, regional, and national comparative risk assessment of 84 behavioural, environmental and occupational, and metabolic risks or clusters of risks, 1990–2016: a systematic analysis for the Global Burden of Disease Study 2016. The Lancet, 390(10100), 1345–1422. https://doi.org/10.1016/S0140-6736(17)32366-8

Gallé, F., Soffried, J., & Sator, M. (2017). Gute Gesundheitsinformation trifft gute Gesprächsqualität. Soziale Sicherheit, 2017, 246.

Ganten, D., Haines, A., & Souhami, R. (2010). Health co-benefits of policies to tackle climate change. The Lancet, 376(9755), 1802–1804. https://doi.org/10.1016/S0140-6736(10)62139-3

Gao, J., Kovats, S., Vardoulakis, S., Wilkinson, P., Woodward, A., Li, J., … Liu, Q. (2018). Public health co-benefits of greenhouse gas emissions reduction: A systematic review. Science of The Total Environment, 627,

388–402. https://doi.org/10.1016/j.scitotenv.2018.01.193

Gascon, M., Triguero-Mas, M., Martínez, D., Dadvand, P., Rojas-Rueda, D., Plasència, A., & Nieuwenhuijsen, M. J. (2016). Residential green spaces and mortality: A systematic review. Environment International, 86, 60–67. https://doi.org/10.1016/j.envint.2015.10.013

GeKo-Wien. (2018). Gesundheit und Kommunikation in Wien. Abgerufen 11. März 2018, von https://www.geko.wien

George, C., & Kirkpatrick, C. (2007). Impact Assessment and Sustainable Development: An Introduction. In C. George & C. Kirkpatrick (Hrsg.), Impact Assessment and Sustainable Development. Cheltenham: Edward Elgar Publishing.

Gesundheit.gv.at. (2018). Öffentliches Gesundheitspotal Österreichs. Abgerufen 11. März 2018, von http://www.gesundheit.gv.at

Gesundheitsziele Österreich. (2018). Gesundheitsziele. Abgerufen 8. März 2018, von https://gesundheitsziele-oesterreich.at/gesundheitsziele/

GFA - Gesundheitsfolgenabschätzung. (2018). Homepage. Abgerufen 8. März 2018, von https://gfa.goeg.at/

Gill, M., & Stott, R. (2009). Health professionals must act to tackle climate change. The Lancet, 374(9706), 1953–1955. https://doi.org/10.1016/S0140-6736(09)61830–4

Gogol, M., & Siebenhofer, A. (2016). Choosing Wisely – Gegen Überversorgung im Gesundheitswesen – Aktivitäten aus Deutschland und Österreich am Beispiel der Geriatrie. Wiener Medizinische Wochenschrift, 166, 5155–5160. https://doi.org/10.1007/s10354-015–0424-z

Görg, C. (2016). Einrichtung einer Programmschiene zur Erforschung nachhaltiger Transformationspfade in Österreich. Unveröffentlicht. Wien: Arbeitsgruppe für Transformationsforschung in Österreich.

GQG. Bundesgesetz zur Qualität von Gesundheitsleistungen (Gesundheitsqualitätsgesetz), BGBl I Nr 179/2004 §.

Grecequet, M., DeWaard, J., Hellmann, J. J., Abel, G. J., Grecequet, M., DeWaard, J., ... Abel, G. J. (2017). Climate Vulnerability and Human Migration in Global Perspective. Sustainability, 9(5), 720. https://doi.org/10.3390/su9050720

Haas, W., Weisz, U., Maier, P., & Scholz, F. (2015). Human Health. In K.W. Steininger, M. König, B. Bednar-Friedl, L. Kranzl, W. Loibl, & F. Prettenthaler (Hrsg.), Economic Evaluation of Climate Change Impacts (S. 191–213). Cham: Springer International Publishing.

Haas, W., Weisz, U., Maier, P., & Scholz, F. (2015). Human Health. In K. W. Steininger, M. König, B. Bednar-Friedl, L. Kranzl, W. Loibl, & F. Prettenthaler (Hrsg.), Economic Evaluation of Climate Change Impacts (S. 191–213). Cham: Springer International Publishing.

Haas, W., Weisz, U., Maier, P., Scholz, F., Themeßl, M., Wolf, A., ... Pech, M. (2014). Auswirkungen des Klimawandels auf die Gesundheit des Menschen. Wien: Alpen-Adria-Universität Klagenfurt, CCCA Servicezentrum. Abgerufen von http://coin.ccca.at/sites/coin.ccca.at/files/factsheets/6_gesundheit_v4_02112015.pdf

Haas, W., Weisz, U., Lauk, C., Hutter, H.-P., Ekmekcioglu, C., Kundi, M., ... Theurl, M. C. (2017). Climate and health co-benefits from changes in urban mobility and diet: an integrated assessment for Austria. Endbericht ACRP Forschungsprojekte B368593. Wien: Alpen-Adria-Universität Klagenfurt. Abgerufen von https://www.klimafonds.gv.at/wp-content/uploads/sites/6/20171116ClimBHealthACRP6EBB368593KR13AC6K10969.pdf

Habtezion, S. (2013). Overview of linkages between gender and climate change. New York: UNDP. Abgerufen von http://www.undp.org/content/dam/undp/library/gender/Gender%20and%20Environment/PB1_Africa_Overview-Gender-Climate-Change.pdf

Hagen, K., & Gasienica-Wawrytko, B. (2015). UHI und die Wiener Stadtquartiere - Das Projekt Urban Fabric & Microclimate. In J. Preiss & C. Härtel (Hrsg.), Urban Heat Island. Strategieplan Wien (S. 14–15). Wien: Magistrat der Stadt Wien, MA22 - Wiener Umweltschutzabteilung.

Haigh, F., Harris, E., Harris-Roxas, B., Baum, F., Dannenberg, A., Harris, M., ... Spickett, J. (2015). What makes health impact assessments successful? Factors contributing to effectiveness in Australia and New Zealand. BMC Public Health, 15, 1009. https://doi.org/10.1186/s12889-015–2319-8

Haines, A. (2017). Health co-benefits of climate action. The Lancet Planetary Health, 1(1), e4–e5. https://doi.org/10.1016/S2542-5196(17)30003–7

Haines, A., McMichael, A. J., Smith, K. R., Roberts, I., Woodcock, J., Markandya, A., ... Wilkinson, P. (2009). Public health benefits of strategies to reduce greenhouse-gas emissions: overview and implications for policy makers. The Lancet, 374(9707), 2104–2114. https://doi.org/10.1016/S0140-6736(09)61759–1

Hajat, S., Haines, A., Sarran, C., Sharma, A., Bates, C., & Fleming, L. E. (2017). The effect of ambient temperature on type-2-diabetes: case-crossover analysis of 4+ million GP consultations across England. Environmental Health, 16, 73. https://doi.org/10.1186/s12940-017–0284-7

Hamaoui-Laguel, L., Vautard, R., Liu, L., Solmon, F., Viovy, N., Khvorostyanov, D., ... Epstein, M. M. (2015). Effects of climate change and seed dispersal on airborne ragweed pollen loads in Europe. Nature Climate Change, 5(8), 766–771. https://doi.org/10.1038/nclimate2652

Hartig, T., Mitchell, R., de Vries, S., & Frumkin, H. (2014). Nature and health. Annual Review of Public Health, 35, 207–228. https://doi.org/10.1146/annurev-publhealth-032013–182443

Hasenfuß, G., Märker-Herrmann, E., Hallek, M., & Fölsch, U. R. (2016). Initiative „Klug Entscheiden". Gegen Unter- und Überversorgung. Deutsches Ärzteblatt, 113, A603.

Haun, J. N., Patel, N. R., French, D. D., Campbell, R. R., Bradham, D. D., & Lapcevic, W. A. (2015). Association between health literacy and medical care costs in an integrated healthcare system: a regional population based study. BMC Health Services Research, 15, 249. https://doi.org/10.1186/s12913-015-0887-z

Hemmer, W., Schauer, U., Trinca, A.-M., & Neumann, C. (2010). Endbericht 2009 zur Studie: Prävalenz der Ragweedpollen-Allergie in Ostösterreich. St. Pölten: Amt der NÖ Landesregierung. Abgerufen von www.noe.gv.at/noe/Gesundheitsvorsorge-Forschung/Ragweedpollen_Allergie.pdf

Hernandez, A.-C., & Roberts, J. (2016). Reducing Healthcare's Climate Footprint. Opportunities for European Hospitals & Health Systems. Brussels: HCWH Europe.

Hietler, P., & Pladerer, C. (2017). Abfallvermeidung in der österreichischen Lebensmittelproduktion - Daten, Fakten, Maßnahmen. Wien: Österreichisches Ökologie Institut. Abgerufen von http://www.nachhaltigkeit.steiermark.at/cms/dokumente/12592682_1032680/a56135dd/153Abfallvermeidung%20in%20der%20Lebensmittelproduktion.pdf

Hintringer, K., Küllinger, R., & Wild, C. (2015). Sponsoring österreichischer Ärztefortbildung: Systematische Analyse der DFP-Fortbildungsdatenbank (No. 87). Wien: Ludwig Boltzmann Gesellschaft GmbH. Abgerufen von eprints.hta.lbg.ac.at/1053/1/Rapid_Assessment_007a.pdf

HLS-EU-Consortium. (2012). Comparative Report on Health Literacy in Eight EU Member States. The European Health Literacy Survey. International Consortium of the HLS-EU Project. Abgerufen von http://ec.europa.eu/chafea/documents/news/Comparative_report_on_health_literacy_in_eight_EU_member_states.pdf

Holmes, B. J., Best, A., Davies, H., Hunter, D., Kelly, M. P., Marshall, M., & Rycroft-Malone, J. (2017). Mobilising knowledge in complex health systems: a call to action. Pragmatics and Society, 13(3), 539–560. https://doi.org/10.1332/174426416X14712553750311

Horn, E. (2014). Zukunft als Katastrophe. Fiktion und Prävention, Frankfurt/Main: Fischer 2014. ISBN 9783100168030. 480 Seiten.

Hornemann, B., & Steuernagel, A. (2017). Sozialrevolution. Frankfurt/Main, New York: Campus Verlag.

Hsu, M., Huang, X., & Yupho, S. (2015). The development of universal health insurance coverage in Thailand: Challenges of population aging and informal economy. Social Science & Medicine, 145, 227–236. https://doi.org/10.1016/j.socscimed.2015.09.036

Hutter, H.-P., Moshammer, H., & Wallner, P. (2017). Klimawandel und Gesundheit. Auswirkungen. Risiken. Perspektiven. Wien: Manz.

Hutter, H.-P., Moshammer, H., Wallner, P., Leitner, B., & Kundi, M. (2007). Heatwaves in Vienna: effects on mortality. Wiener Klinische Wochenschrift, 119(7–8), 223–227. https://doi.org/10.1007/s00508-006-0742-7

HVB - Hauptverband der Österreichischen Sozialversicherungsträger, & GKK Salzburg. (2011). Analyse der Versorgung psychisch Erkrankter. Projekt „Psychische Gesundheit". Abschlussbericht. Wien, Salzburg: HVB, GKK Salzburg. Abgerufen von https://www.psychotherapie.at/sites/default/files/files/studien/Studie-Analyse-Versorgung-psychisch-Erkrankter-SGKK-HVB-2011.pdf

IAMP - InterAcademy Medical Panel (Hrsg.). (2010). Statement on the health co-benefits of policies to tackle climate change. Abgerufen von http://www.interacademies.org/14745/IAMP-Statement-on-the-Health-CoBenefits-of-Policies-to-Tackle-Climate-Change

Initiative Wachstum im Wandel. (2018). Homepage. Abgerufen 5. Februar 2018, von https://wachstumimwandel.at/

IPCC - Intergovernmental Panel on Climate Change. (2014). Climate Change 2014: Synthesis Report. Contribution of Working Groups I, II and III to the Fifth Assessment Report of the Intergovernmental Panel on Climate Change. Geneva: Intergovernmental Panel on Climate Change. Abgerufen von http://www.ipcc.ch/report/ar5/syr/

Islam, S. N., & Winkel, J. (2017). Climate Change and Social Inequality (DESA Working Paper No. 152). UN, Department of Economic & Social Affairs. Abgerufen von www.un.org/esa/desa/papers/2017/wp152_2017.pdf

Jackson, R. (2012). Occupy World Street. A global Roadmap for Radical Economic and Political Reform. White River Junction: Cheslea Green Publishing.

Jorgensen, S. E., Nielsen, F. B., Pulselli, F. M., Fiscus, D. A., & Bastianoni, S. (2015). Flourishing Within Limits to Growth: Following Nature's Way. London: Routledge.

Juraszovich, B., Sax, G., Rappold, E., Pfabigan, D., & Stewig, F. (2016). Demenzstrategie: Gut leben mit Demenz. Abschlussbericht - Ergebnisse der Arbeitsgruppen. Wien: Bundesministerium für Gesundheit & Sozialministerium. Abgerufen von http://www.bmg.gv.at/cms/home/attachments/5/7/0/CH1513/CMS1450082944440/demenzstrategie_abschlussbericht.pdf

KAKuG. Bundesgesetz über Krankenanstalten und Kuranstalten, BGBl Nr. 1/1957 §.

Karrer, G., Milakovic, M., Kropf, M., Hackl, G., Essl, F., Hauser, M., & Dullinger, S. (2011). Ausbreitungsbiologie und Management einer extrem allergenen, eingeschleppten Pflanze – Wege und Ursachen der Ausbreitung von Ragweed (Ambrosia artemisiifolia) sowie Möglichkeiten seiner Bekämpfung. Wien: BMLFUW.

Katzmair, H. (2015). Resilienz Monitor Austria. Wissenschaftlicher Endbericht. Wien: FAS Research.

Keogh-Brown, M., Jensen, H. T., Smith, R. D., Chalabi, Z., Davies, M., Dangour, A., … Haines, A. (2012). A whole-economy model of the health co-benefits of strategies to reduce greenhouse gas emissions in the UK. The Lancet,

380, S52. https://doi.org/10.1016/S0140-6736(13) 60408-0

Kickbusch, I., & Behrendt, T. (2013). Implementing a Health 2020 vision: governance for health in the 21st century. Making it happen. Copenhagen: WHO Regional Office for Europe. Abgerufen von http://www.euro.who.int/__ data/assets/pdf_file/0018/215820/Implementing-a-Health-2020-Vision-Governance-for-Health-in-the-21st-Century-Eng.pdf

Kickbusch, I., & Maag, D. (2006). Die Gesundheitsgesellschaft: Megatrends der Gesundheit und deren Konsequenzen für Politik und Gesellschaft. Gamburg: Verlag für Gesundheitsförderung.

Kjellstrom, T., Kovats, R. S., Lloyd, S. J., Holt, T., & Tol, R. S. J. (2009). The Direct Impact of Climate Change on Regional Labor Productivity. Archives of Environmental & Occupational Health, 64(4), 217–227. https://doi.org/10.1080/19338240903352776

Klein, N. (2014). This changes everything. Capitalism vs. the Climate. New York: Simon and Schuster.

Knoflacher, H. (2013). Virus Auto. Die Geschichte einer Zerstörung. Wien: Ueberreuter.

Köder, L., & Burger, A. (2017). Abbau umweltschädlicher Subventionen stockt weiter - 57 Milliarden Euro Kosten für Bürgerinnen und Bürger. Dessau-Roßlau: Umweltbundesamt Deutschland. Abgerufen von https://www.umweltbundesamt.de/presse/presseinformationen/abbau-umweltschaedlicher-subventionen-stockt-weiter

Kongress „Armut und Gesundheit". (2017). Dem Ansatz von Health in All Policy zu neuer Aktualität verhelfen. Diskussionspapier zum Kongress Armut und Gesundheit 2018. Gesundheit Berlin-Brandenburg e.V., Arbeitsgemeinschaft für Gesundheitsförderung, Kongress Armut und Gesundheit TU Berlin. Abgerufen von https://www.bzoeg.de/termine-leser/events/Kongress-armut-gesundheit-18.html?file=tl_files/bzoeg/redaktion/downloads/termine/2018/Diskussionspapier%20Kongress%20Armut%20und%20Gesundheit.pdf

Köppl, A., & Steininger, K. W. (Hrsg.). (2004). Reform umweltkontraproduktiver Förderungen in Österreich. Energie und Verkehr. Graz: Leykam.

Kranzl, L., Hummel, M., Loibl, W., Müller, A., Schicker, I., Toleikyte, A., … Bednar-Friedl, B. (2015). Buildings: Heating and Cooling. In Karl W. Steininger, M. König, B. Bednar-Friedl, L. Kranzl, W. Loibl, & F. Prettenthaler (Hrsg.), Economic Evaluation of Climate Change Impacts: Development of a Cross-Sectoral Framework and Results for Austria (S. 235–255). Cham: Springer International Publishing. https://doi.org/10.1007/978–3-319-12457-5_13

Kreft, S., Eckstein, D., & Melchior, I. (2016). Global Climate Risk Index 2017. Who Suffers Most From Extreme Weather Events? Weather-related Loss Events in 2015 and 1996 to 2015. Briefing Paper. Bonn: Germanwatch e.V. Abgerufen von https://germanwatch.org/en/12978

Kreiß, C. (2015). Gekaufte Forschung. Wissenschaft im Dienst der Konzerne. Berlin: Europaverlag.

Laeremans, M., Götschi, T., Dons, E., Kahlmeier, S., Brand, C., Nazelle, A., … Int Panis, L. (2017). Does an Increase in Walking and Cycling Translate into a Higher Overall Physical Activity Level? Journal of Transport & Health, 5, S20. https://doi.org/10.1016/j.jth.2017.05.301

Lake, I. R., Jones, N. R., Agnew, M., Goodess, C. M., Giorgi, F., Hamaoui-Laguel, L., … Epstein, M. M. (2017). Climate Change and Future Pollen Allergy in Europe. Environmental Health Perspectives, 125, 385–391. https://doi.org/10.1289/EHP173

Lamei, N., Till, M., Plate, M., Glaser, T., Heuberger, R., Kafka, E., & Skina-Tabue, M. (2013). Armuts- und Ausgrenzungsgefährdung in Österreich: Ergebnisse aus EU-SILC 2011. Wien: Bundesministerium für Arbeit, Soziales und Konsumentenschutz.

Lang, T. (2017). Re-fashioning food systems with sustainable diet guidelines: towards a SDG2 strategy. London: City University London Friends of the Earth. Abgerufen von https://friendsoftheearth.uk/sites/default/files/downloads/Sustainable_diets_January_2016_final.pdf

Larsen, J. (2017). The making of a pro-cycling city: Social practices and bicycle mobilities. Environment and Planning A, 49(4), 876–892. https://doi.org/10.1177/0308518X16682732

Lee, A. C. ., & Maheswaran, R. (2011). The health benefits of urban green spaces: a review of the evidence. Journal of Public Health, 33(2), 212–222. https://doi.org/10.1093/pubmed/fdq068

Légaré, F., Hébert, J., Goh, L., Lewis, K. B., Portocarrero, M. E. L., Robitaille, H., & Stacey, D. (2016). Do choosing wisely tools meet criteria for patient decision aids? A descriptive analysis of patient materials. BMJ Open, 6(8), e011918. https://doi.org/10.1136/bmjopen-2016–011918

Leggewie, C., & Welzer, H. (2009). Das Ende der Welt wie wir sie kannten. Klima, Zukunft und die Chancen der Demokratie. Berlin: Fischer S. Verlag.

Lietaer, B. (2012). Money and Sustainability. The Missing Link. A Report from the Club of Rom - EU Chapter to Finance Watch and the World Business Academy. Dorset: Triarchy Press.

Liu, H.-L., & Shen, Y.-S. (2014). The Impact of Green Space Changes on Air Pollution and Microclimates: A Case Study of the Taipei Metropolitan Area. Sustainability, 6, 8827–8855. https://doi.org/10.3390/su6128827

Lozano, R., Naghavi, M., Foreman, K., Lim, S., Shibuya, K., Aboyans, V., … Murray, C. J. (2012). Global and regional mortality from 235 causes of death for 20 age groups in 1990 and 2010: a systematic analysis for the Global Burden of Disease Study 2010. The Lancet, 380(9859), 2095–2128. https://doi.org/10.1016/S0140-6736(12) 61728–0

Mackenbach, J. P., Meerding, W. J., & Kunst, A. (2007). Economic implications of socio-economic inequalities in health in the European Union. Rotterdam: European Communities.

Mackenbach, J. P., Meerding, W. J., & Kunst, A. E. (2011). Economic costs of health inequalities in the European Union. Journal of Epidemiology and Community Health, 65, 412–419. https://doi.org/10.1136/jech.2010.112680

Mackenbach, J. P., Stirbu, I., Roskam, A.-J. R., Schaap, M. M., Menvielle, G., Leinsalu, M., & Kunst, A. E. (2008). Socioeconomic Inequalities in Health in 22 European Countries. New England Journal of Medicine, 358, 2468–2481. https://doi.org/10.1056/NEJMsa0707519

Malik, A., Lenzen, M., McAlister, S., & McGain, F. (2018). The carbon footprint of Australian health care. The Lancet Planetary Health, 2(1), e27–e35. https://doi.org/10.1016/S2542-5196(17)30180–8

Mangili, A., & Gendreau, M. A. (2005). Transmission of infectious diseases during commercial air travel. The Lancet, 365(9463), 989–996. https://doi.org/10.1016/S0140-6736(05)71089–8

Matulla, C., & Kromp-Kolb, H. (2015). SNORRE - Screening von Witterungsverhältnissen. Endbericht von StartClim 2014.A. Wien: Zentralanstalt für Meteorologie und Geodynamik. Abgerufen von http://www.startclim.at/fileadmin/user_upload/StartClim2014_reports/StCl2014A_lang.pdf

McDaid, D. (2016). Investing in health literacy. What do we know about the co-benefits to the education sector of actions targeted at children and young people? Kopenhagen: WHO. Abgerufen von http://www.euro.who.int/__data/assets/pdf_file/0006/315852/Policy-Brief-19-Investing-health-literacy.pdf

McGain, F., & Naylor, C. (2014). Environmental sustainability in hospitals – a systematic review and research agenda. Journal of Health Services Research & Policy, 19(4), 245–252. https://doi.org/10.1177/1355819614534836

McMichael, A. J. (2013). Globalization, climate change, and human health. New England Journal of Medicine, 368(14), 1335–1343. https://doi.org/10.1056/NEJMra1109341

McMichael, A. J., Neira, M., Bertollini, R., Campbell-Lendrum, D., & Hales, S. (2009). Climate change: a time of need and opportunity for the health sector. The Lancet, 374(9707), 2123–2125. https://doi.org/10.1016/S0140-6736(09)62031–6

Meadows, D., Meadows, D., Randers, J., & Behrens III, W. (1972). The Limits to Growth. A report to the Club of Rome. Washington D.C.: Potomac Associates.

Miraglia, M., Marvin, H. J. P., Kleter, G. A., Battilani, P., Brera, C., Coni, E., … Vespermann, A. (2009). Climate change and food safety: An emerging issue with special focus on Europe. Food and Chemical Toxicology, 47(5), 1009–1021. https://doi.org/10.1016/j.fct.2009.02.005

Moshammer, H., Gerersdorfer, T., Hutter, H.-P., Formayer, H., Kromp-Kolb, H., & Schwarzl, I. (2009). Abschät-zung der Auswirkungen von Hitze auf die Sterblichkeit in Oberösterreich (No. 13). Wien: BOKU-Met.

Mueller, N., Rojas-Rueda, D., Cole-Hunter, T., de Nazelle, A., Dons, E., Gerike, R., … Nieuwenhuijsen, M. (2015). Health impact assessment of active transportation: A systematic review. Preventive Medicine, 76, 103–114. https://doi.org/10.1016/j.ypmed.2015.04.010

Mueller, N., Rojas-Rueda, D., Salmon, M., Martinez, D., Ambros, A., Brand, C., … Nieuwenhuijsen, M. (2018). Health impact assessment of cycling network expansions in European cities. Preventive Medicine, 109, 62–70. https://doi.org/10.1016/j.ypmed.2017.12.011

Muttarak, R., Lutz, W., & Jiang, L. (2016). What can demographers contribute to the study of vulnerability? Vienna Yearbook of Population Research, 2015, 1–13. https://doi.org/10.1553/populationyearbook2015s1

Neira, M. (2014). Climate change: An opportunity for public health. Department of Public Health, Environmental and Social Determinants of Health, WHO. Abgerufen von http://www.who.int/mediacentre/commentaries/climate-change/en/

Nowak, P., Menz, F., & Sator, M. (2016). Ein zentraler Beitrag zur Gesundheitsreform und zur Stärkung der Gesundheitskompetenz - Bessere Gespräche in der Krankenversorgung. Soziale Sicherheit, 2016, 450–457.

Obwaller, A. G., Karakus, M., Poeppl, W., Töz, S., Özbel, Y., Aspöck, H., & Walochnik, J. (2016). Could Phlebotomus mascittii play a role as a natural vector for Leishmania infantum? New data. Parasites & Vectors, 9(1), 458. https://doi.org/10.1186/s13071-016–1750-8

OECD - Organisation for Economic Co-operation and Development. (2015). Health at a Glance 2015: OECD Indicators. Paris: OECD Publishing.

OECD - Organisation for Economic Co-operation and Development. (2017a). Bridging the Gap: Inclusive Growth. 2017 Update Report. Paris: OECD Publishing. Abgerufen von www.oecd.org/inclusive-growth/Bridging_the_Gap.pdf

OECD - Organisation for Economic Co-operation and Development. (2017b). Obesity Update 2017. OECD. Abgerufen von https://www.oecd.org/els/health-systems/Obesity-Update-2017.pdf

OECD - Organisation for Economic Co-operation and Development. (2017c). OECD Health Statistics 2017. Abgerufen 1. Dezember 2017, von http://www.oecd.org/els/health-systems/health-data.htm

Ojala, M. (2012). How do children cope with global climate change? Coping strategies, engagement, and well-being. Journal of Environmental Psychology, 32(3), 225–233. https://doi.org/10.1016/j.jenvp.2012.02.004

ONGKG - Österreichisches Netzwerk gesundheitsfördernder Krankenhäuser und Gesundheitseinrichtungen. (2018). Homepage. Abgerufen 8. März 2018, von http://www.ongkg.at/

ÖPGK - Österreichische Plattform Gesundheitskompetenz. (2018). Gute Gesprächsqualität im Gesundheitssystem.

Abgerufen 30. August 2018, von https://oepgk.at/die-oepgk/schwerpunkte/gespraechsqualitaet-im-gesundheitssystem/

ÖPGK - Österreichische Plattform Gesundheitskompetenz, & BMGF - Bundesministerium für Gesundheit und Frauen. (2017). Gute Gesundheitsinformation Österreich. Die 15 Qualitätskriterien. Der Weg zum Methodenpapier — Anleitung für Organisationen. Wien: ÖPGK und BMGF in Zusammenarbeit mit dem Frauengesundheitszentrum. Abgerufen von https://oepgk.at/wp-content/uploads/2017/04/Gute-Gesundheitsinformation-%C3%96sterreich.pdf

Oreskes, N., & Conway, E. (2009). Merchants of Doubt: How a Handful of Scientists Obscured the Truth on Issues from Tobacco Smoke to Global Warming. London: Bloomsbury.

ÖWAV - Österreichischer Wasser- und Abfallwirtschaftsverband. (2018). Neophyten. Abgerufen 30. August 2018, von https://www.oewav.at/Service/Neophyten

Paech, N. (2012). Befreiung vom Überfluss. Auf dem Weg in die Postwachstumsökonomie. München: Oekom.

Palumbo, R. (2017). Examining the impacts of health literacy on healthcare costs. An evidence synthesis. Health Services Management Research, 30, 197–212. https://doi.org/10.1177/0951484817733366

Parker, R. (2009). Measures of Health Literacy. Workshop Summary: What? So What? Now What? Washington D.C.: National Academies Press. Abgerufen von https://www.ncbi.nlm.nih.gov/books/n/nap12690/pdf/

Pelikan, J. M. (2015). Gesundheitskompetenz - ein vielversprechender Driver für die Gestaltung der Zukunft des österreichischen Gesundheitssystems. In A. W. Robert Bauer (Hrsg.), Zukunftsmotor Gesundheit. Entwürfe für das Gesundheitssystem von morgen (S. 173–194). Wiesbaden: Springer.

Pelikan, J. M. (2017). Gesundheitskompetente Krankenbehandlungseinrichtungen. Health literate health care organizations. Public Health Forum, 25(1), 66–70. https://doi.org/10.1515/pubhef-2016–2117

Philipov, D., & Schuster, J. (2010). Effect of migration on population size and age composition in Europe. Vienna Institute of Demography. Abgerufen von https://www.oeaw.ac.at/fileadmin/subsites/Institute/VID/PDF/Publications/EDRP/edrp_2010_02.pdf

Pladerer, C., Bernhofer, G., Kalleitner-Huber, M., & Hietler, P. (2016). Lagebericht zu Lebensmittelabfällen und -verlusten in Österreich. Wien: WWF, Mutter Erde. Abgerufen von https://www.muttererde.at/motherearth/uploads/2016/03/2016_Lagebericht_Mutter-Erde_WWF_OeOeI_Lebensmittelverschwendung_in_Oesterreich.pdf

Poeppl, W., Herkner, H., Tobudic, S., Faas, A., Auer, H., Mooseder, G., … Walochnik, J. (2013). Seroprevalence and asymptomatic carriage of Leishmania spp. in Austria, a non-endemic European country. Clinical Microbiology and Infection, 19(6), 572–577. https://doi.org/10.1111/j.1469–0691.2012.03960.x

PrimVG - Primärversorgungsgesetz. Bundesgesetz über die Primärversorgung in Primärversorgungseinheiten, GP XXV IA 2255/A AB 1714 S. 188. BR: AB 9882 § (2017). Abgerufen von https://www.ris.bka.gv.at/GeltendeFassung.wxe?Abfrage=Bundesnormen&Gesetzesnummer=20009948

Prüss-Üstün, A., Wolf, J., Corvalán, C., Bos, R., & Neira, M. P. (2016). Preventing disease through healthy environments. A global assessment of the burden of disease from environmental risks. Geneva: WHO. Abgerufen von http://apps.who.int/iris/bitstream/10665/204585/1/9789241565196_eng.pdf

Pucher, J., & Buehler, R. (2008). Making Cycling Irresistible: Lessons from The Netherlands, Denmark and Germany. Transport Reviews, 28(4), 495–528. https://doi.org/10.1080/01441640701806612

Razum, O., Zeeb, H., Meesmann, U., Schenk, L., Bredehorst, M., Brzoska, P., … Ulrich, R. (2008). Migration und Gesundheit. Berlin: Robert Koch-Institut.

Richter, R., Berger, U. E., Dullinger, S., Essl, F., Leitner, M., Smith, M., & Vogl, G. (2013). Spread of invasive ragweed: climate change, management and how to reduce allergy costs. Journal of Applied Ecology, 50(6), 1422–1430. https://doi.org/10.1111/1365–2664.12156

Roberts, D. (2017). Conservatives Probably Can't Be Persuaded on Climate Change. So Now What? Abgerufen 30. August 2018, von https://www.vox.com/energy-and-environment/2017/11/10/16627256/conservatives-climate-change-persuasion

Rohland, S., Pfurtscheller, C., Seebauer, S., & Borsdorf, A. (2016). Muss die Eigenvorsorge neu erfunden werden? Eine Analyse und Evaluierung der Ansätze und Instrumente zur Eigenvorsorge gegen wasserbedingte Naturgefahren (REInvent). Endbericht von StartClim 2015.A (StartClim). BMLFUW, BMWF, ÖBf, Land Oberösterreich.

Rojo, J. J. (2007). Future trends in local air quality impacts of aviation. Massachusetts Institute of Technology. Abgerufen von http://dspace.mit.edu/handle/1721.1/39707

Romi, R., & Majori, G. (2008). An overview of the lesson learned in almost 20 years of fight against the „Tiger" mosquito. Parassitologia, 50(1–2), 117–119.

Rosenbrock, R., & Hartung, S. (2011). Public Health Action Cycle / Gesundheitspolitischer Aktionszyklus. In BZgA (Hrsg.), Leitbegriffe der Gesundheitsförderung und Prävention. Glossar zu Konzepten, Strategien und Methoden (S. 469–471). Gamburg: Verlag für Gesundheitsförderung.

Rowlands, G., Khazaezadeh, N., Oteng-Ntim, E., Seed, P., Barr, S., & Weiss, B. D. (2013). Development and validation of a measure of health literacy in the UK: the newest vital sign. BMC Public Health, 13, 116. https://doi.org/10.1186/1471–2458-13-116

Sammer, G. (2016). Kostenwirksamkeit von Verkehrsmaßnahmen zum Klimaschutz. FSV-Seminar „Ende des fossilen Kfz-Verkehrs 2030?", 14.11.2016. Wien.

Sauerborn, R., Kjellstrom, T., & Nilsson, M. (2009). Invited Editorial: Health as a crucial driver for climate policy. Global Health Action, 2. https://doi.org/10.3402/gha.v2i0.2104

Scarborough, P., Allender, S., Clarke, D., Wickramasinghe, K., & Rayner, M. (2012). Modelling the health impact of environmentally sustainable dietary scenarios in the UK. European Journal of Clinical Nutrition, 66(6), 710–715. https://doi.org/10.1038/ejcn.2012.34

Scarborough, P. (2014). Dietary greenhouse gas emissions of meat-eaters, fish-eaters, vegetarians and vegans in the UK. Climate Change, 125(2), 179–192. https://doi.org/10.1007/s10584-014–1169-1

Scarborough, P., Clarke, D., Wickramasinghe, K., & Rayner, M. (2010). Modelling the health impacts of the diets described in 'Eating the Planet' published by Friends of the Earth and Compassion in World Farming. Oxford: British Heart Foundation Health Promotion Research Group, Department of Public Health, University of Oxford.

Scarborough, P., Nnoaham, K. E., Clarke, D., Capewell, S., & Rayner, M. (2010). Modelling the impact of a healthy diet on cardiovascular disease and cancer mortality. Journal of Epidemiology and Community Health, 66(5), 420–426. https://doi.org/10.1136/jech.2010.114520

Schaffner, F., Medlock, J. M., & Bortel, W. V. (2013). Public health significance of invasive mosquitoes in Europe. Clinical Microbiology and Infection, 19(8), 685–692. https://doi.org/10.1111/1469–0691.12189

Schindler, S., Staska, B., Adam, M., Rabitsch, W., & Essl, F. (2015). Alien species and public health impacts in Europe: a literature review. NeoBiota, 27, 1–23. https://doi.org/10.3897/neobiota.27.5007

Schlatzer, M. (2011). Tierproduktion und Klimawandel. Ein wissenschaftlicher Diskurs zum Einfluss der Ernährung auf Umwelt und Klima. Wien, Münster, Berlin: LIT Verlag.

Scholz, R. W. (2011). Environmental Literacy in Science and Society: From. Knowledge to Decisions. New York: Cambridge University Press.

Schütte, S., Gemenne, F., Zaman, M., Flahault, A., & Depoux, A. (2018). Connecting planetary health, climate change, and migration. The Lancet Planetary Health, 2(2), e58–e59. https://doi.org/10.1016/s2542-5196(18)30004–4

SDU - Sustainable Development Unit. (2009). Saving Carbon. Improving Health. NHS Carbon Reduction Strategy for England. National Health Service England. Abgerufen von https://www.sduhealth.org.uk/documents/publications/1237308334_qylG_saving_carbon,_improving_health_nhs_carbon_reducti.pdf

SDU - Sustainable Development Unit. (2013). NHS England Carbon Footprint (Update). Cambridge: National Health Service England. Abgerufen von https://www.sduhealth.org.uk/documents/Carbon_Footprint_summary_NHS_update_2013.pdf

SDU - Sustainable Development Unit. (2014). Sustainable, Resilient, Healthy People & Places. A Sustainable Development Strategy for the NHS, Public Health and Social Care system. Cambridge: National Health Service England. Abgerufen von https://www.sduhealth.org.uk/documents/publications/2014%20strategy%20and%20modulesNewFolder/Strategy_FINAL_Jan2014.pdf

SDU - Sustainable Development Unit. (2018). Homepage. Abgerufen 31. August 2018, von http://www.sduhealth.org.uk

SDU - Sustainable Development Unit, & SEI - Stockholm Environment Institute. (2009). NHS England Carbon Emissions Carbon Footprinting Report. National Health Service England. Abgerufen von https://www.sduhealth.org.uk/documents/resources/Carbon_Footprint_carbon_emissions_2008_r2009.pdf

SDU - Sustainable Development Unit, & SEI - Stockholm Environment Institute. (2010). NHS England Carbon Footprint: GHG emissions 1990–2020 baseline emissions update. National Health Service England. Abgerufen von https://www.sduhealth.org.uk/documents/publications/Carbon_Footprint_2010.pdf

Searle, K., & Gow, K. (2010). Do concerns about climate change lead to distress? International Journal of Climate Change Strategies and Management, 2(4), 362–379. https://doi.org/10.1108/17568691011089891

Seidel, B., Montarsi, F., Huemer, H. P., Indra, A., Capelli, G., Allerberger, F., & Nowotny, N. (2016). First record of the Asian bush mosquito, Aedes japonicus japonicus, in Italy: invasion from an established Austrian population. Parasites & Vectors, 9, 284. https://doi.org/10.1186/s13071-016–1566-6

Silva, R. A., West, J. J., Zhang, Y., Anenberg, S. C., Lamarque, J.-F., Shindell, D. T., … Zeng, G. (2013). Global premature mortality due to anthropogenic outdoor air pollution and the contribution of past climate change. Environmental Research Letters, 8(3), 034005. https://doi.org/10.1088/1748–9326/8/3/034005

Smith, K. E., Fooks, G., Collin, J., Weishaar, H., & Gilmore, A. B. (2010). Is the increasing policy use of Impact Assessment in Europe likely to undermine efforts to achieve healthy public policy? Journal of Epidemiology and Community Health, 64, 478–487. https://doi.org/10.1136/jech.2009.094300

Smith, K. R., Woodward, A., Campbell-Lendrum, D., Chadee, D. D., Honda, Y., Liu, Q., … Sauerborn, R. (2014). Human health: impacts adaptation and co-benefits. In IPCC (Hrsg.), Climate Change 2014: impacts, adaptation, and vulnerability Working Group II contribution to the IPCC 5th Assessment Report. Cambridge, UK and New York, NY (S. 709–754). Cambridge, New York: Cambridge University Press. Abgerufen von http://www.

ipcc.ch/pdf/assessment-report/ar5/wg2/WGIIAR5-Chap11_FINAL.pdf

SND - Swedish National Data Service. (2017). Homepage. Abgerufen 29. Dezember 2017, von https://snd.gu.se/en

Sprenger, M., Robausch, M., & Moser, A. (2016). Quantifying low-value services by using routine data from Austrian primary care. European Journal of Public Health, 2016, 1–4. https://doi.org/10.1093/eurpub/ckw080

Springmann, M., Godfray, H. C. J., Rayner, M., & Scarborough, P. (2016). Analysis and valuation of the health and climate change cobenefits of dietary change. Proceedings of the National Academy of Sciences, 113(15), 4146–4151. https://doi.org/10.1073/pnas.1523119113

Springmann, M., Mason-D'Croz, D., Robinson, S., Garnett, T., Godfray, H. C. J., Gollin, D., … Scarborough, P. (2016). Global and regional health effects of future food production under climate change: a modelling study. The Lancet, 387(10031), 1937–1946. https://doi.org/10.1016/S0140-6736(15)01156–3

Springmann, M., Mason-D'Croz, D., Robinson, S., Wiebe, K., Godfray, H. C. J., Rayner, M., & Scarborough, P. (2016). Mitigation potential and global health impacts from emissions pricing of food commodities. Nature Climate Change, 7(1), 69–74. https://doi.org/10.1038/nclimate3155

Stadt Wien. (2009). Nein zur Desinfektion im Haushalt. Abgerufen von www.wien.gv.at/umweltschutz/oekokauf/pdf/desinfektion-folder.pdf

Stadt Wien. (2014). STEP 2025. Stadtentwicklungsplan Wien. Wien: Magistratsabteilung 18 - Stadtentwicklung und Stadtplanung. Abgerufen von https://www.wien.gv.at/stadtentwicklung/studien/pdf/b008379a.pdf

Stadt Wien. (2018a). Ergebnisse und Kriterien beim „Öko-Kauf Wien". Abgerufen 11. März 2018, von www.wien.gv.at/umweltschutz/oekokauf/ergebnisse.html

Stadt Wien. (2018b). Flughafen Wien-Schwechat - Passagiere, Fluggüter und Flugverkehr 2001 bis 2016. Abgerufen 11. September 2018, von https://www.wien.gv.at/statistik/verkehr-wohnen/tabellen/flugverkehr-zr.html

Stagl, S., Schulz, N., Kratena, K., Mechler, R., Pirgmaier, E., Radunsky, K., … Köppl, A. (2014). Transformationspfade. In H. Kromp-Kolb, N. Nakicenovic, K. Steininger, A. Gobiet, H. Formayer, A. Köppl, … A. P. on C. Change (APCC) (Hrsg.), Österreichischer Sachstandsbericht Klimawandel 2014 (AAR14) (Bd. 3, S. 1025–1076). Wien: Verlag der Österreichischen Akademie der Wissenschaften.

Statistik Austria. (2015). Österreichische Gesundheitsbefragung 2014. Wien: Statistik Austria. Abgerufen von https://www.bmgf.gv.at/cms/home/attachments/1/6/8/CH1066/CMS1448449619038/gesundheitsbefragung_2014.pdf

Statistik Austria. (2017a). Bevölkerungsprognose bis 2080 für Österreich und die Bundesländer. Abgerufen von https://www.statistik.at/wcm/idc/idcplg?IdcService=GET_ PDF_FILE&RevisionSelectionMethod=LatestReleased&dDocName=115244

Statistik Austria. (2017b). Umweltbedingungen, Umweltverhalten 2015, Ergebnisse des Mikrozensus. Wien: Statistik Austria. Abgerufen von http://www.laerminfo.at/dam/jcr:4a991352-bbc3-4667-9be1-d56f1bc4fcd3/projektbericht_umweltbedingungen_umweltverhalten_2015.pdf

Statistik Austria. (2017c). Verkehrsstatistik 2016. Wien: Statistik Austria. Abgerufen von http://www.statistik.at/wcm/idc/idcplg?IdcService=GET_NATIVE_FILE&RevisionSelectionMethod=LatestReleased&dDocName=115277

Statistik Austria. (2018a). Gesundheitsausgaben. Abgerufen 30. August 2018, von http://www.statistik.at/web_de/statistiken/menschen_und_gesellschaft/gesundheit/gesundheitsausgaben/index.html

Statistik Austria. (2018b). Straßenverkehrsunfälle: Jahresergebnisse 2017. Straßenverkehrsunfälle mit Personenschaden (Schnellbericht No. 4.3). Wien: Statistik Austria. Abgerufen von https://www.statistik.at/wcm/idc/idcplg?IdcService=GET_NATIVE_FILE&RevisionSelectionMethod=LatestReleased&dDocName=117882

Steffen, W., Richardson, K., Rockström, J., Cornell, S. E., Fetzer, I., Bennett, E. M., … Sörlin, S. (2015). Planetary boundaries: Guiding human development on a changing planet. Science, 347(6223), 1259855. https://doi.org/10.1126/science.1259855

Steinfeld, H., Gerber, P., Wassenaar, T., Castel, V., Rosales, M., & De Haan, C. (2006). Livestock's Long Shadow: Environmental Issues and Options. Rom: FAO - Food and Agriculture Organization.

Steininger, K. W., König, M., Bednar-Friedl, B., Kranzl, L., Loibl, W., & Prettenthaler, F. (Hrsg.). (2015). Economic Evaluation of Climate Change Impacts. Development of a Cross-Sectoral Framework and Results for Austria. Cham, Heidelberg, New York, Dordrecht, London: Springer International Publishing.

Stiles, R., Gasienica-Wawrytko, B., Hagen, K., Trimmel, H., Loibl, W., Köstl, M., … Feilmayr, W. (2014). Urban Fabric Types and Microclimate Response - Assessment and Design Improvement. Final Report. Wien: Climate and Energy Fund of the Federal State. Abgerufen von http://urbanfabric.tuwien.ac.at/documents/_SummaryReport.pdf

Swim, J., Clayton, S., Doherty, T., Gifford, R., Howard, G., Reser, J., … Weber, E. (2009). Psychology and Global Climate Change: Addressing a Multi-faceted Phenomenon and Set of Challenges. American Psychological Association's Task Force on the Interface Between Psychology and Global Climate Change. Abgerufen von http://www.apa.org/science/about/publications/climate-change.pdf

Thomas, S. (2016). Vector-born disease risk assessment in times of climate change: The ecology of vectors and pathogens (Dissertation). Universität Bayreuth. Abgerufen von https://epub.uni-bayreuth.de/1781/1/Thomas_Dissertation_November%202014.pdf

Thow, A. M., Downs, S., & Jan, S. (2014). A systematic review of the effectiveness of food taxes and subsidies to improve diets: Understanding the recent evidence. Nutrition Reviews, 72(9), 551–565. https://doi.org/10.1111/nure.12123

Till-Tentschert, U., Till, M., Glaser, T., Heuberger, R., Kafka, E., Lamei, N., & Skina-Tabue, M. (2011). Armuts- und Ausgrenzungsgefährdung in Österreich. Ergebnisse aus EU-SILC 2010. (S. und K. Bundesministerium für Arbeit, Hrsg.) (Bd. 8). Wien: Bundesministerium für Arbeit, Soziales und Konsumentenschutz.

Tilman, D., & Clark, M. (2014). Global diets link environmental sustainability and human health. Nature, 515(7528), 518–522. https://doi.org/10.1038/nature13959

Tomschy, R., Herry, M., Sammer, G., Klementschitz, R., Riegler, S., Follmer, R., … Spiegel, T. (2016). Österreich unterwegs 2013/2014: Ergebnisbericht zur österreichweiten Mobilitätserhebung „Österreich unterwegs 2013/2014". Wien: Bundesministerium für Verkehr, Innovation und Technologie. Abgerufen von https://www.bmvit.gv.at/verkehr/gesamtverkehr/statistik/oesterreich_unterwegs/downloads/oeu_2013-2014_Ergebnisbericht.pdf

Tubiello, F. N., Salvatore, M., Cóndor Golec, R. D., Ferrara, A., Rossi, S., Biancalani, R., … Flammini, A. (2014). Agriculture, Forestry and other Land Use Emissions by Sources and Removals by Sinks. 1990–2011 Analysis. Working Paper ESS/14–02. FAO - Food and Agriculture Organization. Abgerufen von www.fao.org/docrep/019/i3671e/i3671e.pdf

Uhl, I., Klackl, J., Hansen, N., & Jonas, E. (2017). Undesirable effects of threatening climate change information: A cross-cultural study. Group Processes & Intergroup Relations, 21(3), 513–529. https://doi.org/10.1177/1368430217735577

Umweltbundesamt. (2017). Klimaschutzbericht 2017. Wien: Umweltbundesamt. Abgerufen von http://www.umweltbundesamt.at/fileadmin/site/publikationen/REP0622.pdf

Umweltbundesamt. (2018). Klimaschutzbericht 2018. Wien: Umweltbundesamt. Abgerufen von http://www.umweltbundesamt.at/fileadmin/site/publikationen/REP0660.pdf

UNHCR - United Nations High Commissioner for Refugees. (2018). Climate Change and Disasters. Abgerufen 30. August 2018, von http://www.unhcr.org/climate-change-and-disasters.html

United Nations. (2015). Transformation unserer Welt: die Agenda 2030 für nachhaltige Entwicklung. Abgerufen von http://www.un.org/Depts/german/gv-70/band1/ar70001.pdf

Vandenbosch, J., Van den Broucke, S., Vancorenland, S., Avalosse, H., Verniest, R., & Callens, M. (2016). Health literacy and the use of healthcare services in Belgium. Journal of Epidemiology and Community Health, 2016, 1–7. https://doi.org/10.1136/jech-2015–206910

Vereinbarung Art. 15a B-VG. Vereinbarung gemäß Art 15a B-VG über die Organisation und Finanzierung des Gesundheitswesens, BGBl I Nr. 98/2017 (GP XXV RV 1340 AB 1372 S. 157. BR: AB 9703 S. 863) §.

Vernon, J. A., Trujillo, A., Rosenbaum, S. J., & DeBuono, B. (2007). Low health literacy: Implications for national health policy. Department of Health Policy, School of Public Health and Health Services, The George Washington University. Abgerufen von https://publichealth.gwu.edu/departments/healthpolicy/CHPR/downloads/LowHealthLiteracyReport10_4_07.pdf

Versteirt, V., De Clercq, E. M., Fonseca, D. M., Pecor, J., Schaffner, F., Coosemans, M., & Van Bortel, W. (2012). Bionomics of the established exotic mosquito species Aedes koreicus in Belgium, Europe. Journal of Medical Entomology, 49, 1226–1232. https://doi.org/10.1603/ME11170

Wang, Y., Nordio, F., Nairn, J., Zanobetti, A., & Schwartz, J. D. (2018). Accounting for adaptation and intensity in projecting heat wave-related mortality. Environmental Research, 161, 464–471. https://doi.org/10.1016/j.envres.2017.11.049

Watts, N., Adger, W. N., Agnolucci, P., Blackstock, J., Byass, P., Cai, W., … Costello, A. (2015). Health and climate change: policy responses to protect public health. The Lancet, 386(10006), 1861–1914. https://doi.org/10.1016/S0140-6736(15)60854–6

Watts, N., Adger, W. N., Ayeb-Karlsson, S., Bai, Y., Byass, P., Campbell-Lendrum, D., … Costello, A. (2017). The Lancet Countdown: tracking progress on health and climate change. The Lancet, 389(10074), 1151–1164. https://doi.org/10.1016/S0140-6736(16)32124–9

Webster, P. C. (2014). Sweden's health data goldmine. Canadian Medical Association Journal, 186(9), E310. https://doi.org/10.1503/cmaj.109–4713

Wegener, S., & Horvath, I. (2018). PASTA factsheet on active mobility Vienna/Austria. Abgerufen von http://www.pastaproject.eu/fileadmin/editor-upload/sitecontent/Publications/documents/AM_Factsheet_Vienna_WP2.pdf

Wehling, E. (2016). Politisches Framing. Wie eine Nation sich ihr Denken einredet – und daraus Politik macht. Köln: Herbert von Halem Verlag.

Weigl, M., & Gaiswinkler, S. (2016). Handlungsmodule für Gesundheitsförderungsmaßnahmen für/mit Migrantinnen und Migranten. Methoden- und Erfahrungssammlung. Wien: Gesundheit Österreich Forschungs- und Planungs GmbH. Abgerufen von https://jasmin.goeg.at/63/

Werz, M., & Hoffman, M. (2013). Climate change, migration, and conflict. In C. E. Werrel & F. Femia (Hrsg.), The Arab Spring and climate change (S. 33–40). Washington D.C.: Center for American Progress. Abgerufen von https://climateandsecurity.files.wordpress.com/2018/07/the-arab-spring-and-climate-change_2013_02.pdf

WHO - World Health Organization. (2008). Closing the gap in a generation: Health equity through action on the social determinants of health. Geneva: World Health Organization.

WHO - World Health Organization. (2010a). A conceptual framework for action on the social determinants of health. Geneva: World Health Organization. Abgerufen von www.who.int/sdhconference/resources/ConceptualframeworkforactiononSDH_eng.pdf

WHO - World Health Organization. (2010b). Adelaide statement on health in all policies: moving towards a shared governance for health and well-being. World Health Organization. Abgerufen von http://www.who.int/social_determinants/publications/9789241599726/en/

WHO - World Health Organization. (2012). World Health Statistics 2012. Geneva: World Health Organization. Abgerufen von http://www.who.int/iris/bitstream/10665/44844/1/9789241564441_eng.pdf

WHO - World Health Organization. (2014). Health in all policies: Helsinki statement. Framework for country action. The 8th Global Conference on Health Promotion. Geneva: World Health Organization.

WHO - World Health Organization. (2015a). Health in all policies: training manual. Geneva: World Health Organization.

WHO - World Health Organization. (2015b). Using Price Policies to Promote Healthier Diets. Kopenhagen: World Health Organization. Abgerufen von http://www.euro.who.int/__data/assets/pdf_file/0008/273662/Using-price-policies-to-promote-healthier-diets.pdf

WHO - World Health Organization. (2016). Shanghai Declaration on promoting health in the 2030 Agenda for Sustainable Development. World Health Organization. Abgerufen von http://www.who.int/healthpromotion/conferences/9gchp/shanghai-declaration/en/

WHO - World Health Organization, & FAO - Food and Agriculture Organization. (2003). Diet, Nutrition, and the Prevention of Chronic Diseases. Geneva: World Health Organization.

WHO - World Health Organization, & HCWH - Health Care Without Harm. (2009). Healthy Hospitals - Healthy Planet - Healthy People. Addressing climate change in health care settings. Discussion draft paper. World Health Organization & Health Care Without Harm. Abgerufen von http://www.who.int/globalchange/publications/climatefootprint_report.pdf

WHO Europe. (2009). Night Noise Guidelines for Europe. Kopenhagen: WHO Regional Office for Europe. Abgerufen von http://www.euro.who.int/__data/assets/pdf_file/0017/43316/E92845.pdf

WHO Europe. (2010a). Environment and health risks: a review of the influence and effects of social inequalities. Kopenhagen: World Health Organization. Abgerufen von http://www.euro.who.int/__data/assets/pdf_file/0003/78069/E93670.pdf

WHO Europe. (2010b). Social and gender inequalities in environment and health. Kopenhagen: World Health Organization. Abgerufen von www.euro.who.int/__data/assets/pdf_file/0010/76519/Parma_EH_Conf_pb1.pdf

WHO Europe. (2017a). Environment and health in Europe: status and perspectives. Kopenhagen: World Health Organization. Abgerufen von http://www.euro.who.int/__data/assets/pdf_file/0004/341455/perspective_9.06.17ONLINE.PDF

WHO Europe. (2017b). Health Economic Assessment Tool. Abgerufen 15. Dezember 2017, von http://www.heat-walkingcycling.org/#homepage

WHO Europe. (2017c). Protecting Health in Europe from Climate Change. Update 2017. Kopenhagen: World Health Organization. Abgerufen am 2018.12.12. von http://www.euro.who.int/__data/assets/pdf_file/0004/355792/ProtectingHealthEuropeFromClimateChange.pdf?ua=1

WHO Europe. (2017d). Urban green spaces: a brief for action. World Health Organization. Abgerufen von http://www.euro.who.int/__data/assets/pdf_file/0010/342289/Urban-Green-Spaces_EN_WHO_web.pdf?ua=1

WHO Europe. (2017e). Climate Change and Health. Fact sheets on sustainable development goals: health targets. Abgerufen 30. August 2018, von http://www.euro.who.int/en/media-centre/sections/fact-sheets/2017/fact-sheets-on-sustainable-development-goals-health-targets

Widhalm, K. (2018). Zwischenergebnisse nach 2 Schulhalbjahren Intervention. Abgerufen 18. März 2018, von http://www.eddykids.at/index.php/die-studie-eddy/news/63-zwischenergebnisse-nach-2-schulhalbjahren-intervention

Wieczorek, C. C., Ganahl, K., & Dietscher, C. (2017). Improving Organizational Health Literacy in Extracurricular Youth Work Settings. Health Literacy Research and Practice, 1(4), e233–e238. https://doi.org/10.3928/24748307–20171101-01

Williams, A. (2008). Turning the Tide: Recognizing Climate Change Refugees in International Law. Law & Policy, 30(4), 502–529. https://doi.org/10.1111/j.1467–9930.2008.00290.x

Wirsenius, S., Hedenus, F., & Mohlin, K. (2011). Greenhouse gas taxes on animal food products: rationale, tax scheme and climate mitigation effects. Climatic Change, 108(1–2), 159–184. https://doi.org/10.1007/s10584-010-9971-x

Wismar, M., & Martin-Moreno, J. M. (2014). Intersectoral working and Health in all Policies. In B. Rechel & M. McKee (Hrsg.), Facets of Public Health in Europe (1. Aufl., S. 199). Maidenhead: Open University Press.

Wodak, E., Richter, S., Bago, Z., Revilla-Fernandez, S., Weissenbock, H., Nowotny, N., & Winter, P. (2011). Detection and molecular analysis of West Nile virus infections in birds of prey in the eastern part of Austria in 2008 and 2009. Veterinary Microbiology, 149(3–4), 358–366. https://doi.org/10.1016/j.vetmic.2010.12.012

Wolkinger, B., Haas, W., Bachner, G., Weisz, U., Steininger, K. W., Hutter, H.-P., … Reifeltshammer, R. (2018). Evaluating Health Co-Benefits of Climate Change Mitigation in Urban Mobility. International Journal of Environmental Research and Public Health, 15(5), 880. https://doi.org/10.3390/ijerph15050880

Yim, S. H. L., Stettler, M. E. J., & Barrett, S. R. H. (2013). Air quality and public health impacts of UK airports. Part II: Impacts and policy assessment. Atmospheric Environment, 67, 184–192. https://doi.org/10.1016/j.atmosenv.2012.10.017

Zaller, J. G. (2018). Unser täglich Gift: Pestizide - die unterschätzte Gefahr (1. Auflage). Wien: Deuticke.

Zhang, J., Tian, W., Chipperfield, M. P., Xie, F., & Huang, J. (2016). Persistent shift of the Arctic polar vortex towards the Eurasian continent in recent decades. Nature Climate Change, 6(12), 1094–1099. https://doi.org/10.1038/nclimate3136

Zhang, Y., Bielory, L., Mi, Z., Cai, T., Robock, A., & Georgopoulos, P. (2015). Allergenic pollen season variations in the past two decades under changing climate in the United States. Global Change Biology, 21(4), 1581–1589. https://doi.org/10.1111/gcb.12755

Zielsteuerung-Gesundheit. (2017). Zielsteuerungsvertrag auf Bundesebene in der von der Bundes-Zielsteuerungskommission am 24. April 2017 zur Unterfertigung empfohlenen Fassung. Bund vertreten durch Bundesministerium für Gesundheit und Frauen. Abgerufen von http://www.burgef.at/fileadmin/daten/burgef/zielsteuerungsvertrag_2017-2021__urschrift.pdf

Zürcher Appell. (2013). Internationaler Appell für die Wahrung der wissenschaftlichen Unabhängigkeit. Abgerufen 19. März 2018, von http://www.zuercher-appell.ch/